# 사고력도 탄탄! 창의력도 탄탄!

## 수학 일등의 지름길 「기탄사고력수학」

### ♛ 단계별·능력별 프로그램식 학습지입니다

유아부터 초등학교 6학년까지 각 단계별로 4~6권씩 총 52권으로 구성되었으며, 처음 시작할 때 나이와 학년에 관계없이 능력별 수준에 맞추어 학습하는 프로그램식 학습지입니다.

### ♛ 사고력·창의력을 키워 주는 수학 학습지입니다

다양한 사고 단계를 거쳐 문제 해결력을 높여 주며, 개념과 원리를 이해하도록 하여 수학적 사고력을 키워 줍니다. 또 수학적 사고를 바탕으로 스스로 생각하고 깨닫는 창의력을 키워 줍니다.

### ♛ 유아 과정은 물론 초등학교 수학의 전 영역을 골고루 학습합니다

운필력, 공간 지각력, 수 개념 등 유아 과정부터 시작하여, 초등학교 과정인 수와 연산, 도형 등 수학의 전 영역을 골고루 다루어, 자녀들의 수학적 사고의 폭을 넓히는 데 큰 도움을 줍니다.

### ♛ 학습 지도 가이드와 다양한 학습 성취도 평가 자료를 수록했습니다

매주, 매달, 매 단계마다 학습 목표에 따른 지도 내용과 지도 요점, 완벽한 해설을 제공하여 학부모님께서 쉽게 지도하실 수 있습니다. 창의력 문제와 수학 경시 대회 예상 문제를 단계별로 수록, 수학 실력을 완성시켜 줍니다.

### ♛ 과학적 학습 분량으로 공부하는 습관이 몸에 배입니다

하루 10~20분 정도의 과학적 학습량으로 공부에 싫증을 느끼지 않게 하고, 학습에 자신감을 가지도록 하였습니다. 매일 일정 시간 꾸준하게 공부하도록 하면, 시키지 않아도 공부하는 습관이 몸에 배게 됩니다.

# 「기탄사고력수학」은 체계적이고 장기적인 프로그램으로 꾸준히 학습하면 반드시 성적으로 보답합니다

## ✿ 스몰 스텝(Small Step)방식으로 꾸준히 학습하면 성적이 올라갑니다

「기탄사고력수학」은 단순히 문제만 나열한 문제집이 아닙니다. 체계적이고 장기적인 학습프로그램을 통해 수학적 사고력과 창의력을 완성시켜 주는 스몰 스텝(Small Step)방식으로 꾸준히 학습하면 반드시 성적이 올라갑니다.

## ✿ 하루 3장, 10~20분씩 규칙적으로 학습하게 하세요

매일 일정 시간에 일정한 학습량을 꾸준히 재미있게 해야만 학습효과를 높일 수 있습니다. 주별로 분철하기 쉽게 제본되어 있으니, 교재를 구입하시면 먼저 분철하여 일주일 학습 분량만 자녀들에게 나누어 주세요. 그래야만 아이들이 학습 성취감과 자신감을 가질 수 있습니다.

## ✿ 자녀들의 수준에 알맞은 교재를 선택하세요

〈기탄사고력수학〉은 유아에서 초등학교 6학년까지, 나이와 학년에 관계없이 학습 난이도별로 자신의 능력에 맞는 단계를 선택하여 시작하는 능력별 교재입니다. 그러나 자녀의 수준보다 1~2단계 낮춘 교재부터 시작하면 학습에 더욱 자신감을 갖게 되어 효과적입니다.

| 교재 구분 | 교재 구성 | 대 상 |
|---|---|---|
| A단계 교재 | 1, 2, 3, 4집 | 4세 ~ 5세 아동 |
| B단계 교재 | 1, 2, 3, 4집 | 5세 ~ 6세 아동 |
| C단계 교재 | 1, 2, 3, 4집 | 6세 ~ 7세 아동 |
| D단계 교재 | 1, 2, 3, 4집 | 7세 ~ 초등학교 1학년 |
| E단계 교재 | 1, 2, 3, 4, 5, 6집 | 초등학교 1학년 |
| F단계 교재 | 1, 2, 3, 4, 5, 6집 | 초등학교 2학년 |
| G단계 교재 | 1, 2, 3, 4, 5, 6집 | 초등학교 3학년 |
| H단계 교재 | 1, 2, 3, 4, 5, 6집 | 초등학교 4학년 |
| I 단계 교재 | 1, 2, 3, 4, 5, 6집 | 초등학교 5학년 |
| J단계 교재 | 1, 2, 3, 4, 5, 6집 | 초등학교 6학년 |

# 「기탄사고력수학」으로 수학 성적 올리는 일등비법을 공개합니다

※ 문제를 먼저 풀어 주지 마세요

기탄사고력수학은 직관(전체 감지)을 논리(이론과 구체 연결)로 발전시켜 답을 구하도록 구성되었습니다. 쉽게 문제를 풀지 못하더라도 노력하는 과정에서 더 많은 것을 얻을 수 있으니, 약간의 힌트 외에는 자녀가 스스로 끝까지 문제를 풀어 나갈 수 있도록 격려해 주세요.

※ 교재는 이렇게 활용하세요

먼저 자녀들의 능력에 맞는 교재를 선택하세요. 그리고 일주일 분량씩 분철하여 매일 3장씩 풀 수 있도록 해 주세요. 한꺼번에 많은 양의 교재를 주시면 어린이가 부담을 느껴서 학습을 미루거나 포기하기 쉽습니다. 적당한 양을 매일매일 학습하도록 하여 수학 공부하는 재미를 느낄 수 있도록 해 주세요.

※ 교재 학습 과정을 꼭 지켜 주세요

한 주 학습이 끝날 때마다 창의력 문제와 경시 대회 예상 문제를 꼭 풀고 넘어가도록 해 주시고, 한 권(한 달 과정)이 끝나면 성취도 테스트와 종료 테스트를 통해 스스로 실력을 가늠해 볼 수 있도록 도와 주세요. 문제를 다 풀면 반드시 해답지를 이용하여 정확하게 채점해 주시고, 틀린 문제를 체크해 놓았다가 다음에는 확실히 풀 수 있도록 지도해 주세요.

※ 자녀의 학습 관리를 게을리 하지 마세요

수학적 사고는 하루 아침에 생겨나는 것이 아닙니다. 날마다 꾸준히 규칙적으로 학습해 나갈 때에만 비로소 수학적 사고의 기틀이 마련되는 것입니다. 교육은 사랑입니다. 자녀가 학습한 부분을 어머니께서 꼭 확인하시면서 사랑으로 돌봐 주세요. 부모님의 관심 속에서 자란 아이들만이 성적 향상은 물론 이 사회에서 꼭 필요한 인격체로 성장해 나갈 수 있다는 것도 잊지 마세요.

# 기탄사고력수학 교재별 학습 내용

단계 교재

| A – ❶ 교재 | A – ❷ 교재 |
|---|---|
| 나와 가족에 대하여 알기<br>바른 행동 알기<br>다양한 선 그리기<br>다양한 사물 색칠하기<br>○△□ 알기<br>똑같은 것 찾기<br>빠진 것 찾기<br>종류가 같은 것과 다른 것 찾기<br>관찰력, 논리력, 사고력 키우기 | 필요한 물건 찾기<br>관계 있는 것 찾기<br>다양한 기준에 따라 분류하기<br>(종류, 용도, 모양, 색깔, 재질, 계절, 성질 등)<br>두 가지 기준에 따라 분류하기<br>다섯까지 세기<br>변별력 키우기<br>미로 통과하기 |

| A – ❸ 교재 | A – ❹ 교재 |
|---|---|
| 다양한 기준으로 비교하기<br>(길이, 높이, 양, 무게, 크기, 두께, 넓이, 속도, 깊이 등)<br>시간의 순서 비교하기<br>반대 개념 알기<br>3까지의 숫자 배우기<br>그림 퍼즐 맞추기<br>미로 통과하기 | 최상급 개념 알기<br>다양한 기준으로 순서 짓기 (크기, 시간, 길이, 두께 등)<br>네 가지 이상 비교하기<br>이중 서열 알기<br>ABAB, ABCABC의 규칙성 알기<br>다양한 규칙 이해하기<br>부분과 전체 알기<br>5까지의 숫자 배우기<br>일대일 대응, 일대다 대응 알기<br>미로 통과하기 |

단계 교재

| B – ❶ 교재 | B – ❷ 교재 |
|---|---|
| 열까지 세기<br>9까지의 숫자 배우기<br>사물의 기본 모양 알기<br>모양 구성하기<br>모양 나누기와 합치기<br>같은 모양, 짝이 되는 모양 찾기<br>위치 개념 알기 (위, 아래, 앞, 뒤)<br>위치 파악하기 | 9까지의 수량, 수 단어, 숫자 연결하기<br>구체물을 이용한 수 익히기<br>반구체물을 이용한 수 익히기<br>위치 개념 알기 (안, 밖, 왼쪽, 가운데, 오른쪽)<br>다양한 위치 개념 알기<br>시간 개념 알기 (낮, 밤)<br>구체물을 이용한 수와 양의 개념 알기<br>(같다, 많다, 적다) |

| B – ❸ 교재 | B – ❹ 교재 |
|---|---|
| 순서대로 숫자 쓰기<br>거꾸로 숫자 쓰기<br>1 큰 수와 2 큰 수 알기<br>1 작은 수와 2 작은 수 알기<br>반구체물을 이용한 수와 양의 개념 알기<br>보존 개념 익히기<br>여러 가지 단위 배우기 | 순서수 알기<br>사물의 입체 모양 알기<br>입체 모양 나누기<br>두 수의 크기 비교하기<br>여러 수의 크기 비교하기<br>0의 개념 알기<br>0부터 9까지의 수 익히기 |

## C 단계 교재

### C - ❶ 교재

구체물을 통한 수 가르기
반구체물을 통한 수 가르기
숫자를 도입한 수 가르기
구체물을 통한 수 모으기
반구체물을 통한 수 모으기
숫자를 도입한 수 모으기

### C - ❷ 교재

수 가르기와 모으기
여러 가지 방법으로 수 가르기
수 모으고 다시 수 가르기
수 가르고 다시 수 모으기
더해 보기
세로로 더해 보기
빼 보기
세로로 빼 보기
더해 보기와 빼 보기
바꾸어서 셈하기

### C - ❸ 교재

길이 측정하기
넓이 측정하기
둘레 측정하기
부피 측정하기
활동 시간 알아보기
여러 가지 측정하기
높이 측정하기
크기 측정하기
무게 측정하기
들이 측정하기
시간의 순서 알아보기

### C - ❹ 교재

열 개
열 개 만들어 보기
열 개 묶어 보기
자리 알아보기
수 '10' 알아보기
10의 크기 알아보기
더하여 10이 되는 수 알아보기
열다섯까지 세어 보기
스물까지 세어 보기

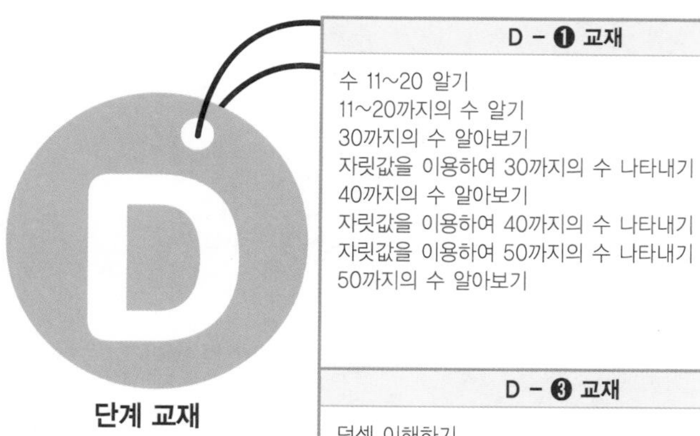

## D 단계 교재

### D - ❶ 교재

수 11~20 알기
11~20까지의 수 알기
30까지의 수 알아보기
자릿값을 이용하여 30까지의 수 나타내기
40까지의 수 알아보기
자릿값을 이용하여 40까지의 수 나타내기
자릿값을 이용하여 50까지의 수 나타내기
50까지의 수 알아보기

### D - ❷ 교재

상자 모양, 공 모양, 둥근기둥 모양 알아보기
공간 위치 알아보기
입체도형으로 모양 만들기
여러 방향에서 본 모습 관찰하기
평면도형 알아보기
선대칭 모양 알아보기
모양 만들기와 탱그램

### D - ❸ 교재

덧셈 이해하기
10이 되는 더하기
여러 가지로 더해 보기
덧셈 익히기
뺄셈 이해하기
10에서 빼기
여러 가지로 빼 보기
뺄셈 익히기

### D - ❹ 교재

조사하여 기록하기
그래프의 이해
그래프의 활용
분수의 이해
시간 느끼기
사건의 순서 알기
소요 시간 알아보기
달력 보기
시계 보기
활동한 시간 알기

# 기탄사고력수학 교재별 학습 내용

단계 교재

| E - ❶ 교재 | E - ❷ 교재 | E - ❸ 교재 |
|---|---|---|
| 사물의 개수를 세어 보고 1, 2, 3, 4, 5 알아보기<br>0의 개념과 0~5까지의 수의 순서 알기<br>하나 더 많다, 적다의 개념 알기<br>두 수의 크기 비교하기<br>사물의 개수를 세어 보고 6, 7, 8, 9 알아보기<br>0~9까지의 수의 순서 알기<br>하나 더 많다, 적다의 개념 알기<br>두 수의 크기 비교하기<br>여러 가지 모양 알아보기, 찾아보기, 만들어 보기<br>규칙 찾기 | 두 수로 가르기<br>두 수를 모으기<br>가르기와 모으기<br>덧셈식 알아보기<br>뺄셈식 알아보기<br>길이 비교해 보기<br>높이 비교해 보기<br>들이 비교해 보기<br>무게 비교해 보기<br>넓이 비교해 보기 | 수 10(십) 알아보기<br>19까지의 수 알아보기<br>몇십과 몇십 몇 알아보기<br>물건의 수 세기<br>50까지 수의 순서 알아보기<br>두 수의 크기 비교하기<br>분류하기<br>분류하여 세어 보기 |
| **E - ❹ 교재** | **E - ❺ 교재** | **E - ❻ 교재** |
| 수 60, 70, 80, 90<br>99까지의 수<br>수의 순서<br>두 수의 크기 비교<br>여러 가지 모양 알아보기, 찾아보기<br>여러 가지 모양 만들기, 그리기<br>규칙 찾기<br>10을 두 수로 가르기<br>10이 되도록 두 수를 모으기 | 10이 되는 더하기<br>10에서 빼기<br>세 수의 덧셈과 뺄셈<br>(몇십)+(몇), (몇십 몇)+(몇),<br>(몇십 몇)+(몇십 몇)<br>(몇십 몇)-(몇), (몇십 몇)-(몇십 몇)<br>긴바늘, 짧은바늘 알아보기<br>몇 시 알아보기<br>몇 시 30분 알아보기 | 세 수의 덧셈<br>받아올림이 있는 (몇)+(몇)<br>받아내림이 있는 (십 몇)-(몇)<br>세 수의 계산<br>덧셈식, 뺄셈식 만들기<br>□가 있는 덧셈식, 뺄셈식 만들기<br>여러 가지 방법으로 해결하기 |

단계 교재

| F - ❶ 교재 | F - ❷ 교재 | F - ❸ 교재 |
|---|---|---|
| 백(100)과 몇백(200, 300, ……)의 개념 이해<br>세 자리 수와 뛰어 세기의 이해<br>세 자리 수의 크기 비교<br>받아올림이 있는 (두 자리 수)+(한 자리 수)의 계산<br>받아내림이 있는 (두 자리 수)-(한 자리 수)의 계산<br>세 수의 덧셈과 뺄셈<br>선분과 직선의 차이 이해<br>사각형, 삼각형, 원 등의 여러 가지 모양<br>쌓기나무로 똑같이 쌓아 보고 여러 가지 모양 만들기<br>배열 순서에 따라 규칙 찾아내기 | 받아올림이 있는 (두 자리 수)+(두 자리 수)의 계산<br>받아내림이 있는 (두 자리 수)-(두 자리 수)의 계산<br>여러 가지 방법으로 계산하고 세 수의 혼합 계산<br>길이 비교와 단위길이의 비교<br>길이의 단위(cm) 알기<br>길이 재기와 길이 어림하기<br>어떤 수를 □로 나타내기<br>덧셈식·뺄셈식에서 □의 값 구하기<br>어떤 수를 구하는 식 만들기<br>식에 알맞은 문제 만들기 | 시각 읽기<br>시각과 시간의 차이 알기<br>하루의 시간 알기<br>달력을 보며 1년 알기<br>몇 시 몇 분 전 알기<br>반 시간 알기<br>묶어 세기<br>몇 배 알아보기<br>더하기를 곱하기로 나타내기<br>덧셈식과 곱셈식으로 나타내기 |
| **F - ❹ 교재** | **F - ❺ 교재** | **F - ❻ 교재** |
| 2~9의 단 곱셈구구 익히기<br>1의 단 곱셈구구와 0의 곱<br>곱셈표에서 규칙 찾기<br>받아올림이 없는 세 자리 수의 덧셈<br>받아내림이 없는 세 자리 수의 뺄셈<br>여러 가지 방법으로 계산하기<br>미터(m)와 센티미터(cm)<br>길이 재기<br>길이 어림하기<br>길이의 합과 차 | 받아올림이 있는 세 자리 수의 덧셈<br>받아내림이 있는 세 자리 수의 뺄셈<br>여러 가지 방법으로 덧셈·뺄셈하기<br>세 수의 혼합 계산<br>똑같이 나누기<br>전체와 부분의 크기<br>분수의 쓰기와 읽기<br>분수만큼 색칠하고 분수로 나타내기<br>표와 그래프로 나타내기<br>조사하여 표와 그래프로 나타내기 | □가 있는 곱셈식을 만들어 문제 해결하기<br>규칙을 찾아 문제 해결하기<br>거꾸로 생각하여 문제 해결하기 |

단계 교재

| G - ❶ 교재 | G - ❷ 교재 | G - ❸ 교재 |
| --- | --- | --- |
| 1000의 개념 알기<br>몇천, 네 자리 수 알기<br>수의 자릿값 알기<br>뛰어 세기, 두 수의 크기 비교<br>세 자리 수의 덧셈<br>덧셈의 여러 가지 방법<br>세 자리 수의 뺄셈<br>뺄셈의 여러 가지 방법<br>각과 직각의 이해<br>직각삼각형, 직사각형, 정사각형의 이해 | 똑같이 묶어 덜어 내기와 똑같게 나누기<br>나눗셈의 몫<br>곱셈과 나눗셈의 관계<br>나눗셈의 몫을 구하는 방법<br>나눗셈의 세로 형식<br>곱셈을 활용하여 나눗셈의 몫 구하기<br>평면도형 밀기, 뒤집기, 돌리기<br>평면도형 뒤집고 돌리기<br>(몇십)×(몇)의 계산<br>(두 자리 수)×(한 자리 수)의 계산 | 분수만큼 알기와 분수로 나타내기<br>몇 개인지 알기<br>분수의 크기 비교<br>mm 단위를 알기와 mm 단위까지 길이 재기<br>km 단위를 알기<br>km, m, cm, mm의 단위가 있는 길이의 합과 차 구하기<br>시각과 시간의 개념 알기<br>1초의 개념 알기<br>시간의 합과 차 구하기 |
| **G - ❹ 교재** | **G - ❺ 교재** | **G - ❻ 교재** |
| (네 자리 수)+(세 자리 수)<br>(네 자리 수)+(네 자리 수)<br>(네 자리 수)−(세 자리 수)<br>(네 자리 수)−(네 자리 수)<br>세 수의 덧셈과 뺄셈<br>(세 자리 수)×(한 자리 수)<br>(몇십)×(몇십) / (두 자리 수)×(몇십)<br>(두 자리 수)×(두 자리 수)<br>원의 중심과 반지름 / 그리기 / 지름 / 성질 | (몇십)÷(몇)<br>내림이 없는 (몇십 몇)÷(몇)<br>나눗셈의 몫과 나머지<br>나눗셈식의 검산 / (몇십 몇)÷(몇)<br>들이 / 들이의 단위<br>들이의 어림하기와 합과 차<br>무게 / 무게의 단위<br>무게의 어림하기와 합과 차<br>0.1 / 소수 알아보기<br>소수의 크기 비교하기 | 막대그래프<br>막대그래프 그리기<br>그림그래프<br>그림그래프 그리기<br>알맞은 그래프로 나타내기<br>규칙을 정해 무늬 꾸미기<br>규칙을 찾아 문제 해결<br>표를 만들어서 문제 해결<br>예상과 확인으로 문제 해결 |

단계 교재

| H - ❶ 교재 | H - ❷ 교재 | H - ❸ 교재 |
| --- | --- | --- |
| 만 / 다섯 자리 수 / 십만, 백만, 천만<br>억 / 조 / 큰 수 뛰어서 세기<br>두 수의 크기 비교<br>100, 1000, 10000, 몇백, 몇천의 곱<br>(세,네 자리 수)×(두 자리 수)<br>세 수의 곱셈 / 몇십으로 나누기<br>(두,세 자리 수)÷(두 자리 수)<br>각의 크기 / 각 그리기 / 각도의 합과 차<br>삼각형의 세 각의 크기의 합<br>사각형의 네 각의 크기의 합 | 이등변삼각형 / 이등변삼각형의 성질<br>정삼각형 / 예각과 둔각<br>예각삼각형 / 둔각삼각형<br>덧셈, 뺄셈 또는 곱셈, 나눗셈이 섞여 있는 혼합 계산<br>덧셈, 뺄셈, 곱셈, 나눗셈이 섞여 있는 혼합 계산<br>( ), { }가 있는 혼합 계산<br>분수와 진분수 / 가분수와 대분수<br>대분수를 가분수로, 가분수를 대분수로 나타내기<br>분모가 같은 분수의 크기 비교 | 소수<br>소수 두 자리 수<br>소수 세 자리 수<br>소수 사이의 관계<br>소수의 크기 비교<br>규칙을 찾아 수로 나타내기<br>규칙을 찾아 글로 나타내기<br>새로운 무늬 만들기 |
| **H - ❹ 교재** | **H - ❺ 교재** | **H - ❻ 교재** |
| 분모가 같은 진분수의 덧셈<br>분모가 같은 대분수의 덧셈<br>분모가 같은 진분수의 뺄셈<br>분모가 같은 대분수의 뺄셈<br>분모가 같은 대분수와 진분수의 덧셈과 뺄셈<br>소수의 덧셈 / 소수의 뺄셈<br>수직과 수선 / 수선 긋기<br>평행선 / 평행선 긋기<br>평행선 사이의 거리 | 사다리꼴 / 평행사변형 / 마름모<br>직사각형과 정사각형의 성질<br>다각형과 정다각형 / 대각선<br>여러 가지 모양 만들기<br>여러 가지 모양으로 덮기<br>직사각형과 정사각형의 둘레<br>$1cm^2$ / 직사각형과 정사각형의 넓이<br>여러 가지 도형의 넓이<br>이상과 이하 / 초과와 미만 / 수의 범위<br>올림과 버림 / 반올림 / 어림의 활용 | 꺾은선그래프<br>꺾은선그래프 그리기<br>물결선을 사용한 꺾은선그래프<br>물결선을 사용한 꺾은선그래프 그리기<br>알맞은 그래프로 나타내기<br>꺾은선그래프의 활용<br>두 수 사이의 관계<br>두 수 사이의 관계를 식으로 나타내기<br>문제를 해결하고 풀이 과정을 설명하기 |

단계 교재

| I - ❶ 교재 | I - ❷ 교재 | I - ❸ 교재 |
|---|---|---|
| 약수 / 배수 / 배수와 약수의 관계<br>공약수와 최대공약수<br>공배수와 최소공배수<br>크기가 같은 분수 알기<br>크기가 같은 분수 만들기<br>분수의 약분 / 분수의 통분<br>분수의 크기 비교 / 진분수의 덧셈<br>대분수의 덧셈 / 진분수의 뺄셈<br>대분수의 뺄셈 / 세 분수의 덧셈과 뺄셈 | 세 분수의 덧셈과 뺄셈<br>(진분수)×(자연수) / (대분수)×(자연수)<br>(자연수)×(진분수) / (자연수)×(대분수)<br>(단위분수)×(단위분수)<br>(진분수)×(진분수) / (대분수)×(대분수)<br>세 분수의 곱셈 / 합동인 도형의 성질<br>합동인 삼각형 그리기<br>면, 모서리, 꼭짓점<br>직육면체와 정육면체<br>직육면체의 성질 / 겨냥도 / 전개도 | 평행사변형의 넓이<br>삼각형의 넓이<br>사다리꼴의 넓이<br>마름모의 넓이<br>넓이의 단위 $m^2$, a<br>넓이의 단위 ha, $km^2$<br>넓이의 단위 관계<br>무게의 단위 |
| **I - ❹ 교재** | **I - ❺ 교재** | **I - ❻ 교재** |
| 분수와 소수의 관계<br>분수를 소수로, 소수를 분수로 나타내기<br>분수와 소수의 크기 비교<br>1÷(자연수)를 곱셈으로 나타내기<br>(자연수)÷(자연수)를 곱셈으로 나타내기<br>(진분수)÷(자연수) / (가분수)÷(자연수)<br>(대분수)÷(자연수)<br>분수와 자연수의 혼합 계산<br>선대칭도형/선대칭의 위치에 있는 도형<br>점대칭도형/점대칭의 위치에 있는 도형 | (소수)×(자연수) / (자연수)×(소수)<br>곱의 소수점의 위치<br>(소수)×(소수)<br>소수의 곱셈<br>(소수)÷(자연수)<br>(자연수)÷(자연수)<br>줄기와 잎 그림<br>그림그래프<br>평균<br>자료를 그래프로 나타내고 설명하기 | 두 수의 크기 비교<br>비율<br>백분율<br>할푼리<br>실제로 해 보기와 표 만들기<br>그림 그리기와 식 만들기<br>예상하고 확인하기와 표 만들기<br>실제로 해 보기와 규칙 찾기 |

단계 교재

| J - ❶ 교재 | J - ❷ 교재 | J - ❸ 교재 |
|---|---|---|
| (자연수)÷(단위분수)<br>분모가 같은 진분수끼리의 나눗셈<br>분모가 다른 진분수끼리의 나눗셈<br>(자연수)÷(진분수) / 대분수의 나눗셈<br>분수의 나눗셈 활용하기<br>소수의 나눗셈 / (자연수)÷(소수)<br>소수의 나눗셈에서 나머지<br>반올림한 몫<br>입체도형과 각기둥 / 각뿔<br>각기둥의 전개도 / 각뿔의 전개도 | 쌓기나무의 개수<br>쌓기나무의 각 자리, 각 층별로 나누어<br>개수 구하기<br>규칙 찾기<br>쌓기나무로 만든 것, 여러 가지 입체도형,<br>여러 가지 생활 속 건축물의 위, 앞, 옆<br>에서 본 모양<br>원주와 원주율 / 원의 넓이<br>띠그래프 알기 / 띠그래프 그리기<br>원그래프 알기 / 원그래프 그리기 | 비례식<br>비의 성질<br>가장 작은 자연수의 비로 나타내기<br>비례식의 성질<br>비례식의 활용<br>연비<br>두 비의 관계를 연비로 나타내기<br>연비의 성질<br>비례배분<br>연비로 비례배분 |
| **J - ❹ 교재** | **J - ❺ 교재** | **J - ❻ 교재** |
| (소수)÷(분수) / (분수)÷(소수)<br>분수와 소수의 혼합 계산<br>원기둥 / 원기둥의 전개도<br>원뿔<br>회전체 / 회전체의 단면<br>직육면체와 정육면체의 겉넓이<br>부피의 비교 / 부피의 단위<br>직육면체와 정육면체의 부피<br>부피의 큰 단위<br>부피와 들이 사이의 관계 | 원기둥의 겉넓이<br>원기둥의 부피<br>경우의 수<br>순서가 있는 경우의 수<br>여러 가지 경우의 수<br>확률<br>미지수를 $x$로 나타내기<br>등식 알기 / 방정식 알기<br>등식의 성질을 이용하여 방정식 풀기<br>방정식의 활용 | 두 수 사이의 대응 관계 / 정비례<br>정비례를 활용하여 생활 문제 해결하기<br>반비례<br>반비례를 활용하여 생활 문제 해결하기<br>그림을 그리거나 식을 세워 문제 해결하기<br>거꾸로 생각하거나 식을 세워 문제 해결하기<br>표를 작성하거나 예상과 확인을 통하여<br>문제 해결하기<br>여러 가지 방법으로 문제 해결하기<br>새로운 문제를 만들어 풀어 보기 |

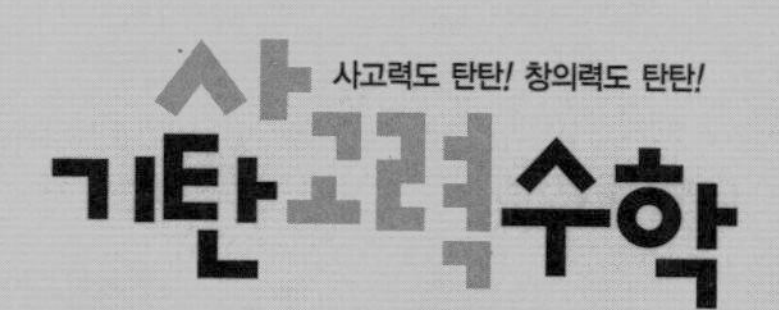


# C4

## C181a ~ C195b

**학습 내용**

| 십진법의 원리 알기 1 | • 열 개<br>• 열 개 만들어 보기 |
|---|---|

**이번 주는?**

• 학습 방법 : ① 매일매일 ② 가끔 ③ 한꺼번에
하였습니다.

• 학습 태도 : ① 스스로 잘 ② 시켜서 억지로
하였습니다.

• 학습 흥미 : ① 재미있게 ② 싫증 내며
하였습니다.

• 교재 내용 : ① 적합하다고 ② 어렵다고 ③ 쉽다고
하였습니다.

**지도 교사가 부모님께**

**부모님이 지도 교사께**

**평가** Ⓐ 아주 잘함 Ⓑ 잘함 Ⓒ 보통 Ⓓ 부족함

원(교) 반 이름 전화

기초부터 탄탄하게 기탄교육

# 이렇게 도와주세요!

**십진법의 원리 알기 1**

어린이들이 수 '10'을 이해하기 위해서는 먼저 십진법의 원리와 자릿값에 따른 수의 값을 올바르게 인식해야 합니다.
'10'을 '일영'이라고 읽는 어린이는 없을 것입니다. 왜 '일영'이 아닌 '십'이라고 읽어야 하는지 수의 체계나 법칙에 따라 이해하는 것이 학습의 중요한 목표입니다.

**지도 목표**

열 개가 되면 하나의 묶음 단위로 생각하도록 합니다.

**지도 요점**

열 개 만들어 보기는 수의 체계를 이해하기 위한 가장 기초적인 활동입니다.

이름 :

날짜 :

확인

[ 열개 ]

그림의 감의 수만큼 아래 (감)을 색칠해 보세요.

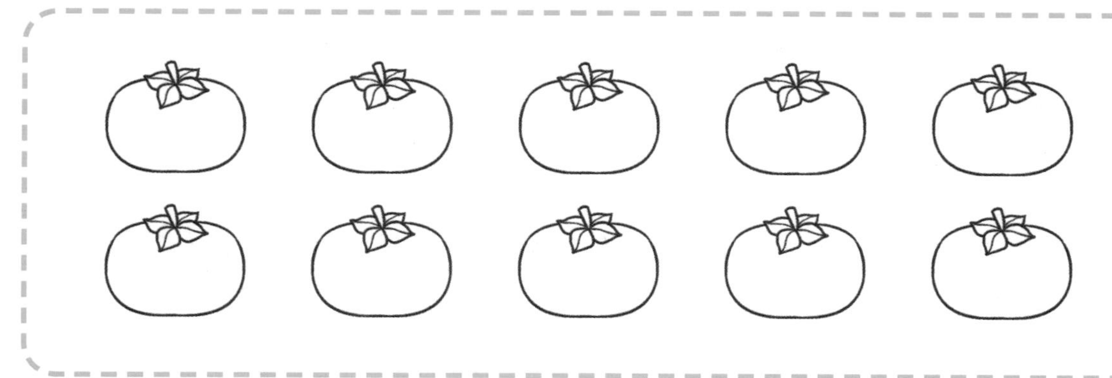

그림의 별의 수만큼 아래 ☆을 색칠해 보세요.

이름 :

날짜 :

확인

그림의 물고기의 수만큼 아래 빈 곳에 ◯를 그려 보세요.

그림의 두더지의 수만큼 아래 빈 곳에 ◯를 그려 보세요.

이름 :

날짜 :

확인

그림의 놀이 기구를 타고 있는 동물의 수만큼 아래 빈칸에 ◯를 그려 보고, 소리 내어 읽어 보세요.

| | | | | |
|---|---|---|---|---|
| 하나 | 둘 | 셋 | 넷 | 다섯 |
| | | | | |
| 여섯 | 일곱 | 여덟 | 아홉 | 열 |

그림의 집의 수만큼 아래 빈칸에 ◯를 그려 보고, 소리 내어 읽어 보세요.

| | | | | |
|---|---|---|---|---|
| 하나 | 둘 | 셋 | 넷 | 다섯 |
| | | | | |
| 여섯 | 일곱 | 여덟 | 아홉 | 열 |

이름 :

날짜 :

확인

그림의 병아리의 수만큼 아래 빈칸에 ◯를 그려 보고, 소리 내어 읽어 보세요.

| | | | | |
|---|---|---|---|---|
| | | | | |
| 하나 | 둘 | 셋 | 넷 | 다섯 |
| | | | | |
| 여섯 | 일곱 | 여덟 | 아홉 | 열 |

그림의 오징어의 다리 수만큼 아래 빈칸에 ◯를 그려 보고, 소리 내어 읽어 보세요.

| | | | | |
|---|---|---|---|---|
| | | | | |
| 하나 | 둘 | 셋 | 넷 | 다섯 |
| | | | | |
| 여섯 | 일곱 | 여덟 | 아홉 | 열 |

이름 :

날짜 :

확인

다음 그림의 포도알을 열 개 색칠해 보세요.

다음 그림의 사과를 열 개 색칠해 보세요.

이름 :

날짜 :

확인

다음 그림의 각 모양을 열 개 색칠해 보세요.

왼쪽에 주어진 모양을 빈 곳에 열 개 그려 보세요.

이름 :

날짜 :

확인

두 그림 중 배추가 열 포기 심어져 있는 밭의 ◯를 색칠해 보세요.

두 그림 중 물고기가 열 마리 잡힌 그물의 ◯를 색칠해 보세요.

이름 :

날짜 :

확인

[ 열 개 만들어 보기 ]

달걀판에 달걀을 열 개 담으려고 해요. 몇 개를 더 담아야 하는지 아래 그림에서 필요한 달걀의 수만큼 ◯로 묶어 보세요.

접시에 빵을 열 개 놓으려고 해요. 아래 그림에서 더 놓아야 하는 빵의 수만큼 ◯로 묶어 보세요.

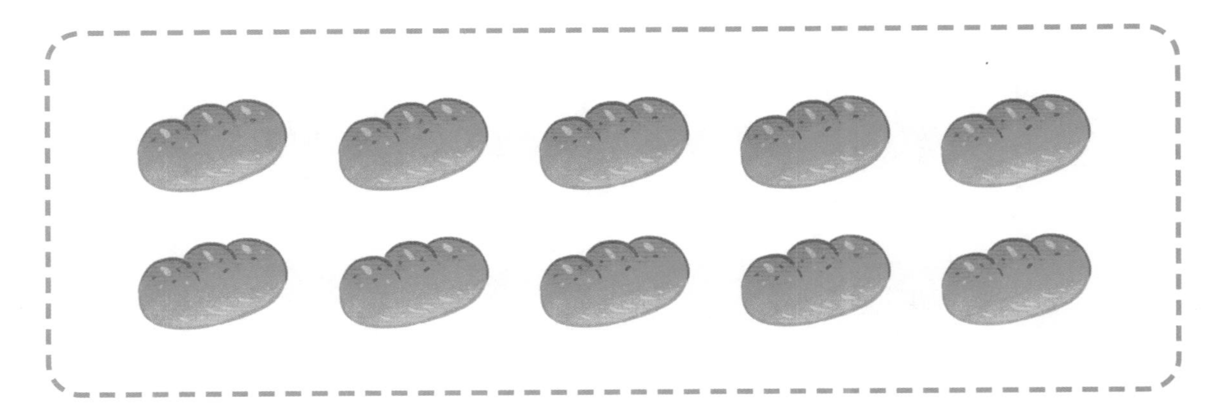

이름 :

날짜 :

확인

케이크에 초를 열 개 꽂으려고 해요. 아래 그림에서 더 꽂아야 하는 초의 수만큼 ◯로 묶어 보세요.

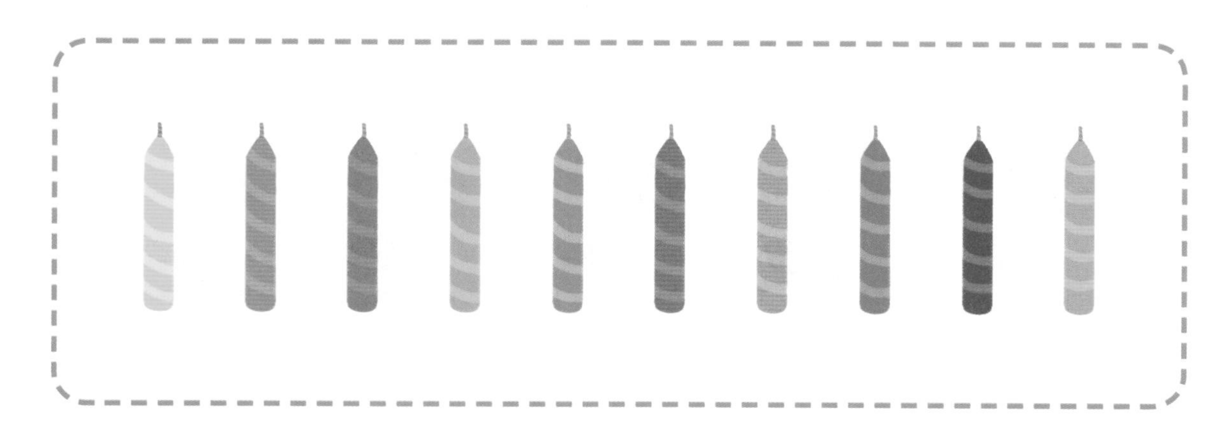

밭에 당근을 열 개 심으려고 해요. 아래 그림에서 더 심어야 하는 당근의 수만큼 ◯로 묶어 보세요.

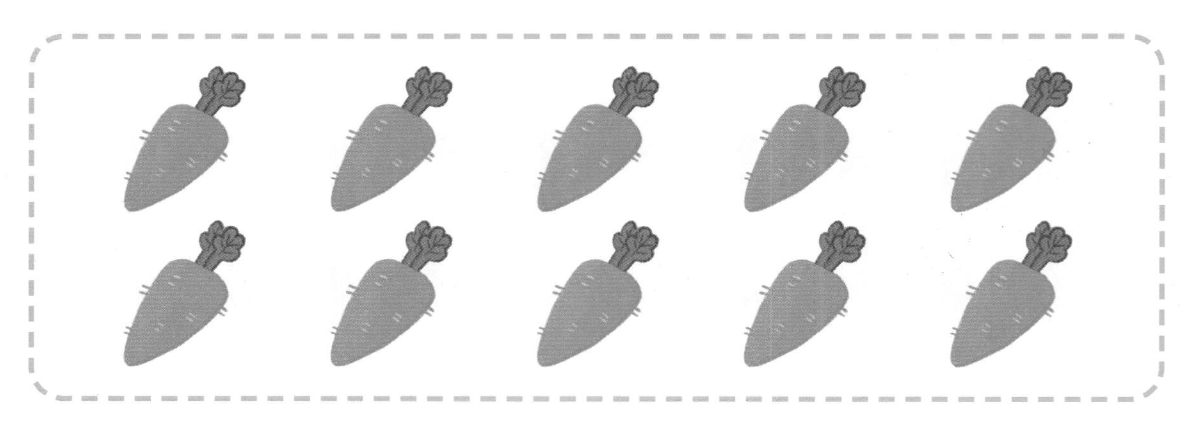

이름 :

날짜 :

확인

각 모양이 열 개가 되도록 빈 곳에 같은 모양을 더 그려 보세요.

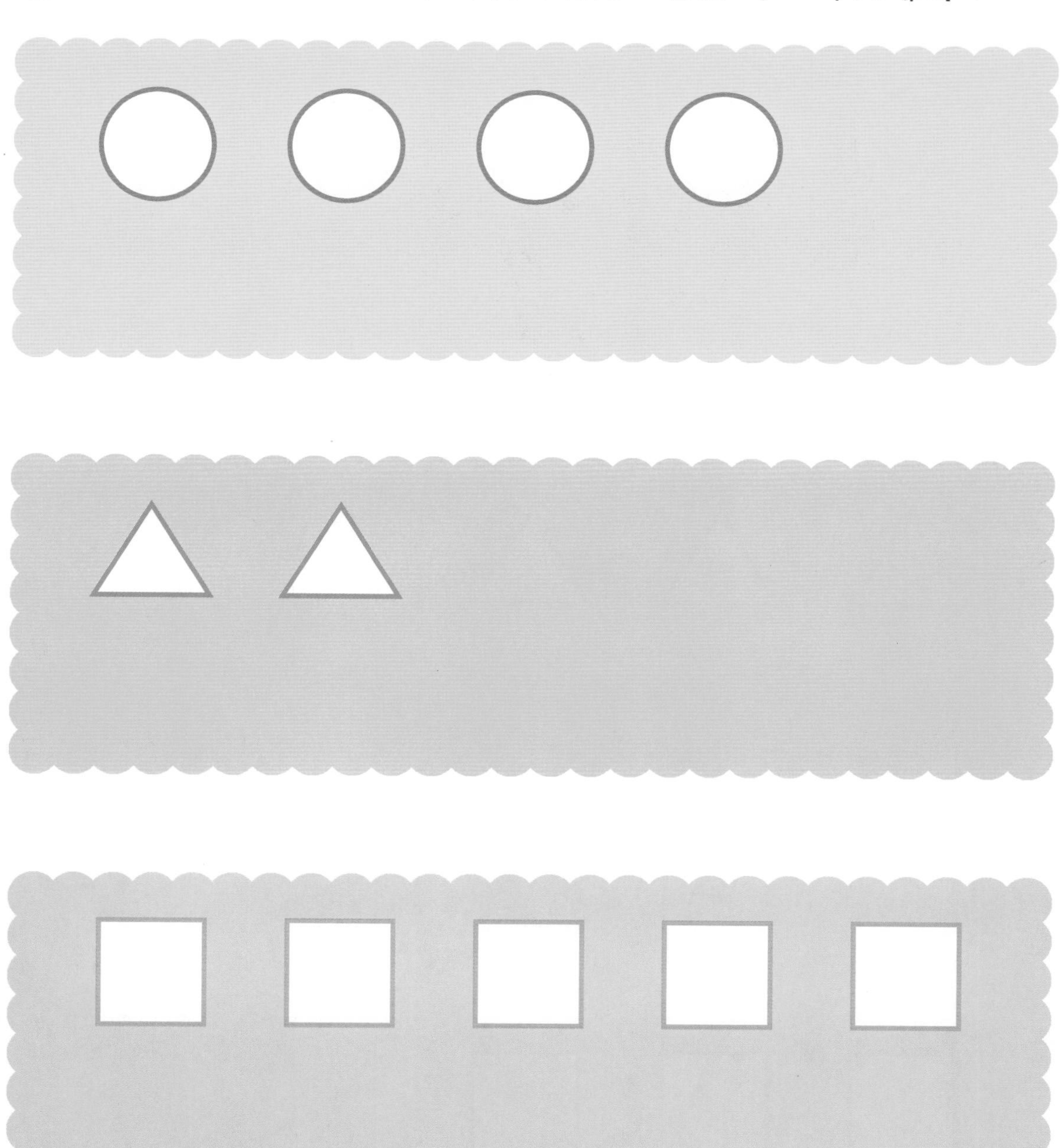

각 모양이 열 개가 되도록 빈 곳에 같은 모양을 더 그려 보세요.

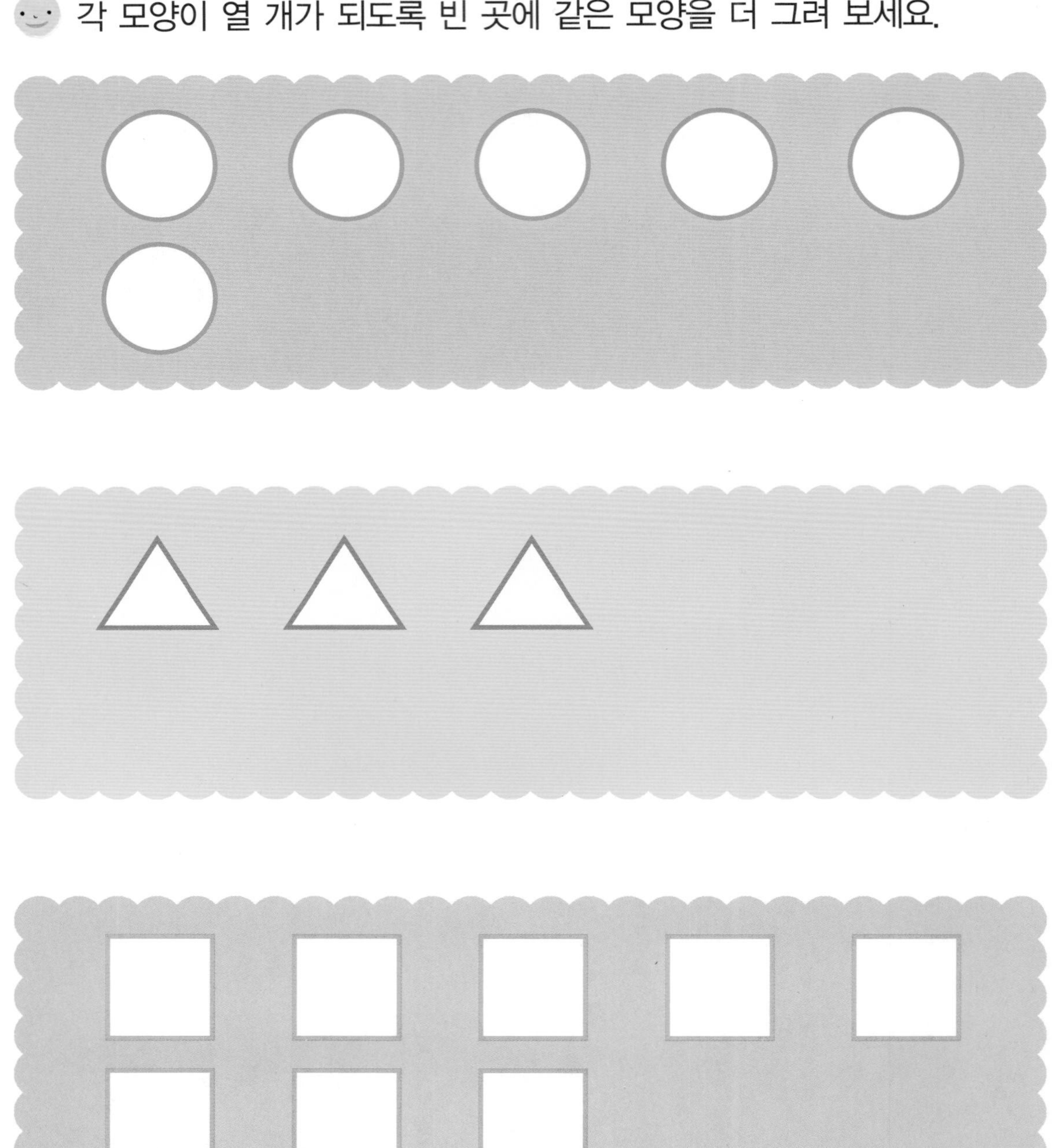

이름 :

날짜 :

확인

각 그림이 열 개가 되도록 빈 곳에 ◯를 더 그려 보세요.

각 그림이 열 개가 되도록 빈 곳에 ◯를 더 그려 보세요.

이름 :

날짜 :

확인

칭찬 붙임 딱지를 열 개 모으려고 해요. 필요한 칭찬 붙임 딱지 수만큼 아래 빈칸에 ◯를 그리고, 몇 개가 필요한지 □ 안에 알맞은 수를 써 보세요.

| 참 잘했어요 | 참 잘했어요 | 참 잘했어요 | | |
|---|---|---|---|---|
| | | | | |

3 ＋ □

상자에 과자를 열 개 담으려고 해요. 필요한 과자의 수만큼 아래 빈칸에 ◯를 그리고, 몇 개가 필요한지 □ 안에 알맞은 수를 써 보세요.

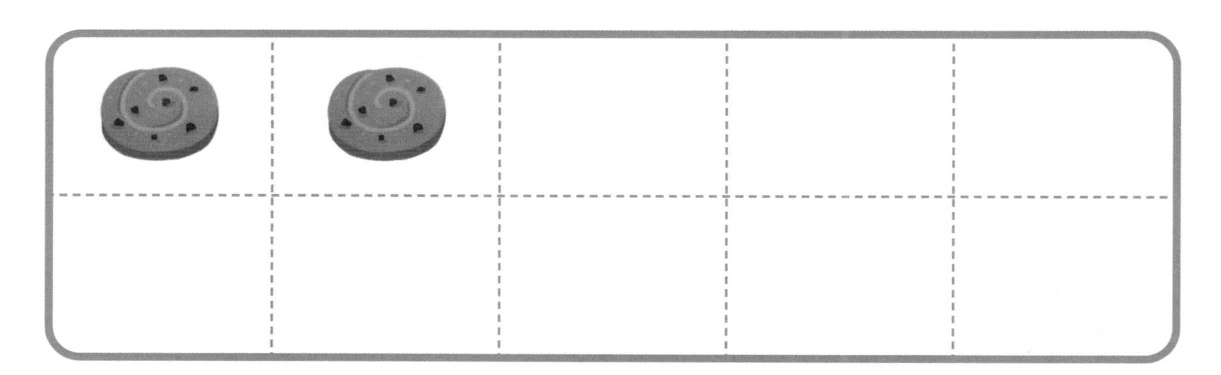

2 + □

이름 :

날짜 :

확인

블록을 열 개 쌓으려고 해요. 필요한 블록의 수만큼 아래 빈칸에 ◯를 그리고, 몇 개가 필요한지 □ 안에 알맞은 수를 써 보세요.

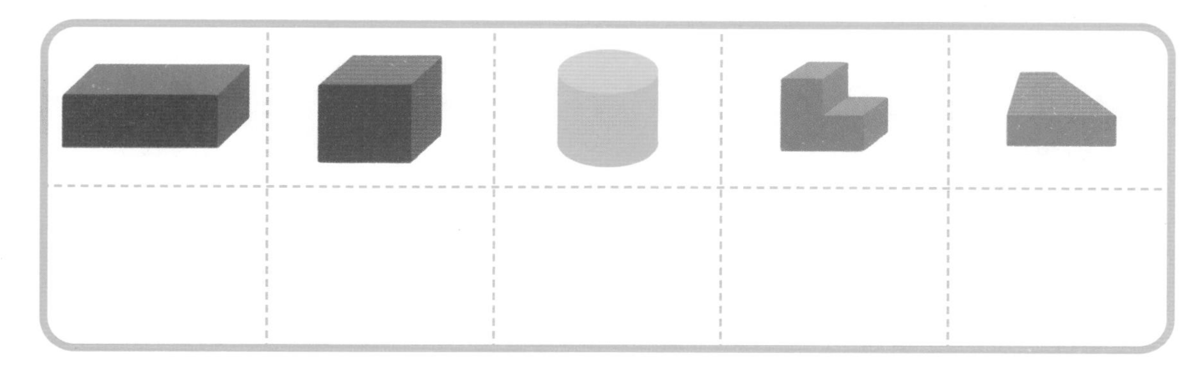

5 + □

종이학을 열 개 만들려고 해요. 더 만들어야 할 종이학의 수만큼 아래 빈칸에 ◯를 그리고, 몇 개를 더 만들어야 하는지 □ 안에 알맞은 수를 써 보세요.

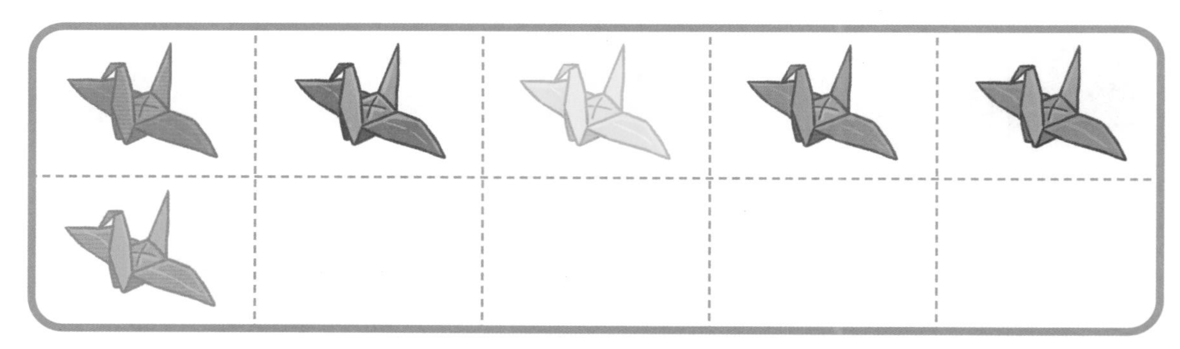

6 + □

이름 :

날짜 :

확인

구슬 열 개를 실로 꿰었어요. 상자 밖으로 보이는 구슬이 다음과 같다면, 상자 안에 있는 구슬은 몇 개인지 □ 안에 알맞은 수를 써 보세요.

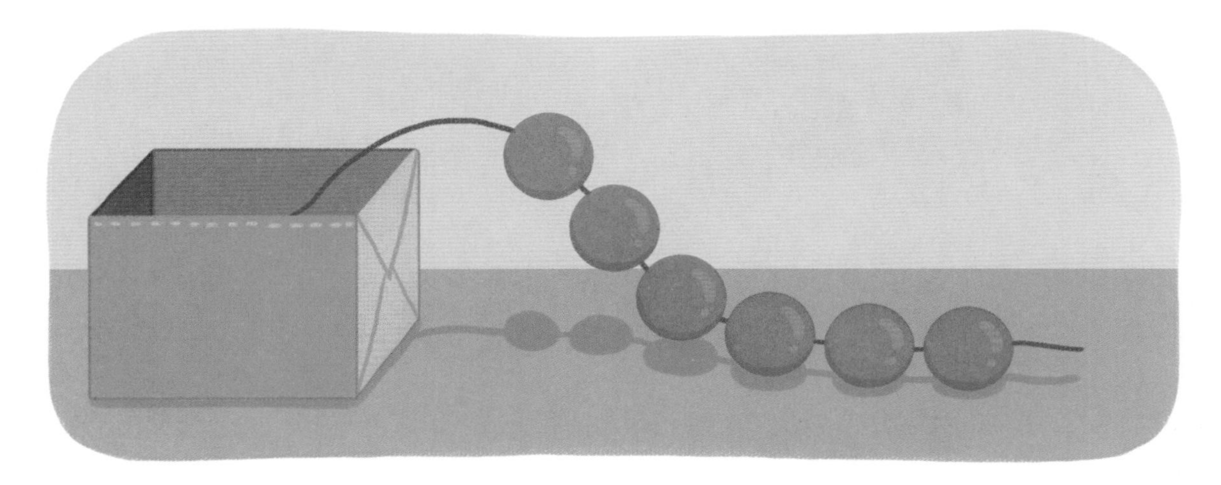

□ + 6

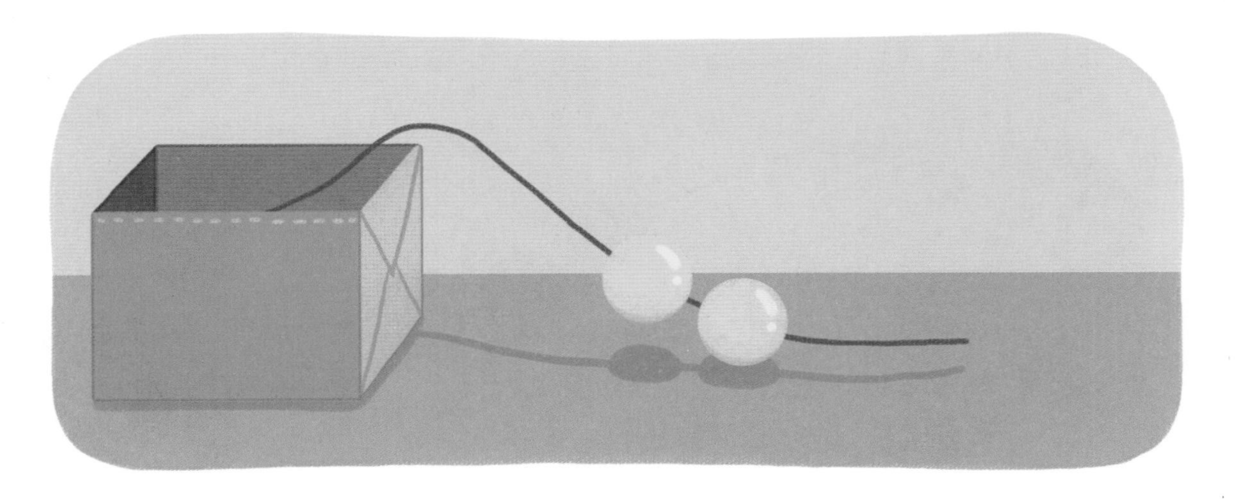

□ + 2

구슬 열 개를 실로 꿰었어요. 상자 밖으로 보이는 구슬이 다음과 같다면, 상자 안에 있는 구슬은 몇 개인지 □ 안에 알맞은 수를 써 보세요.

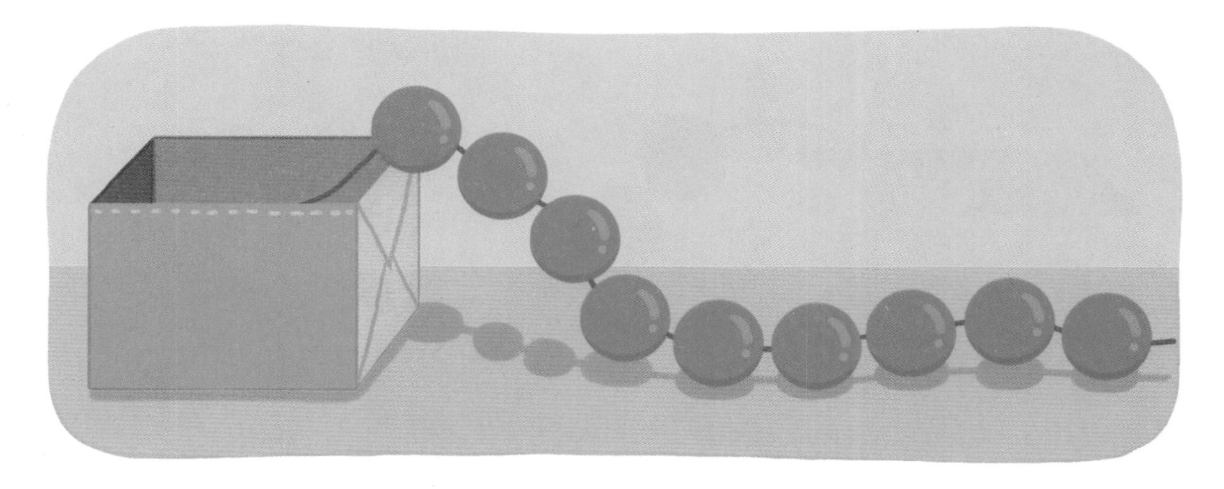

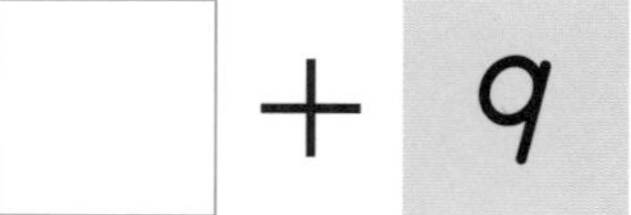

□ + 9

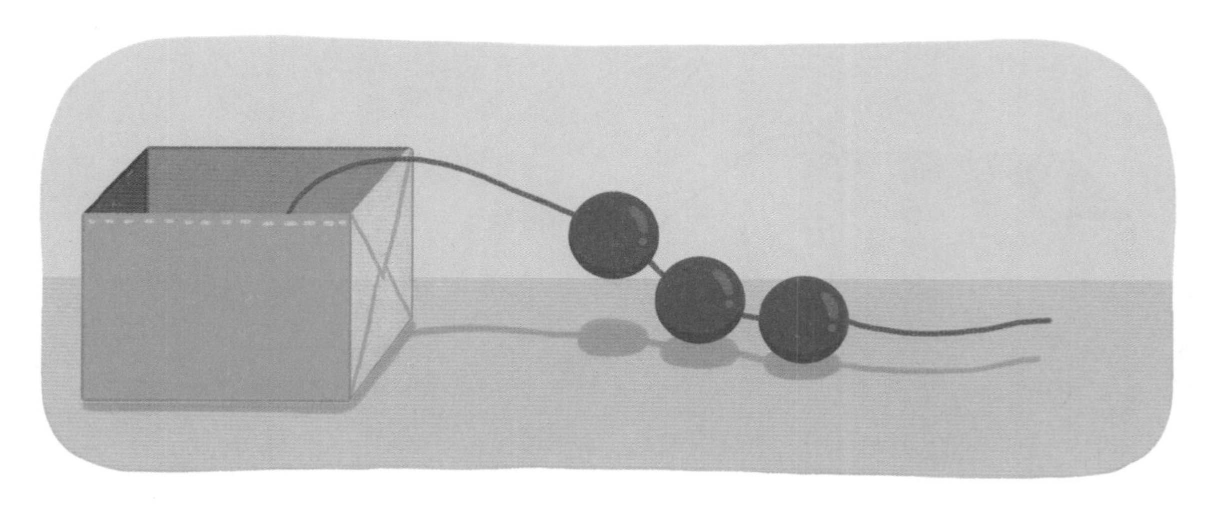

□ + 3

이름 :

날짜 :

확인

다음 각 그림에서 열 개가 되려면 몇 개가 더 있어야 하는지 □ 안에 알맞은 수를 써 보세요.

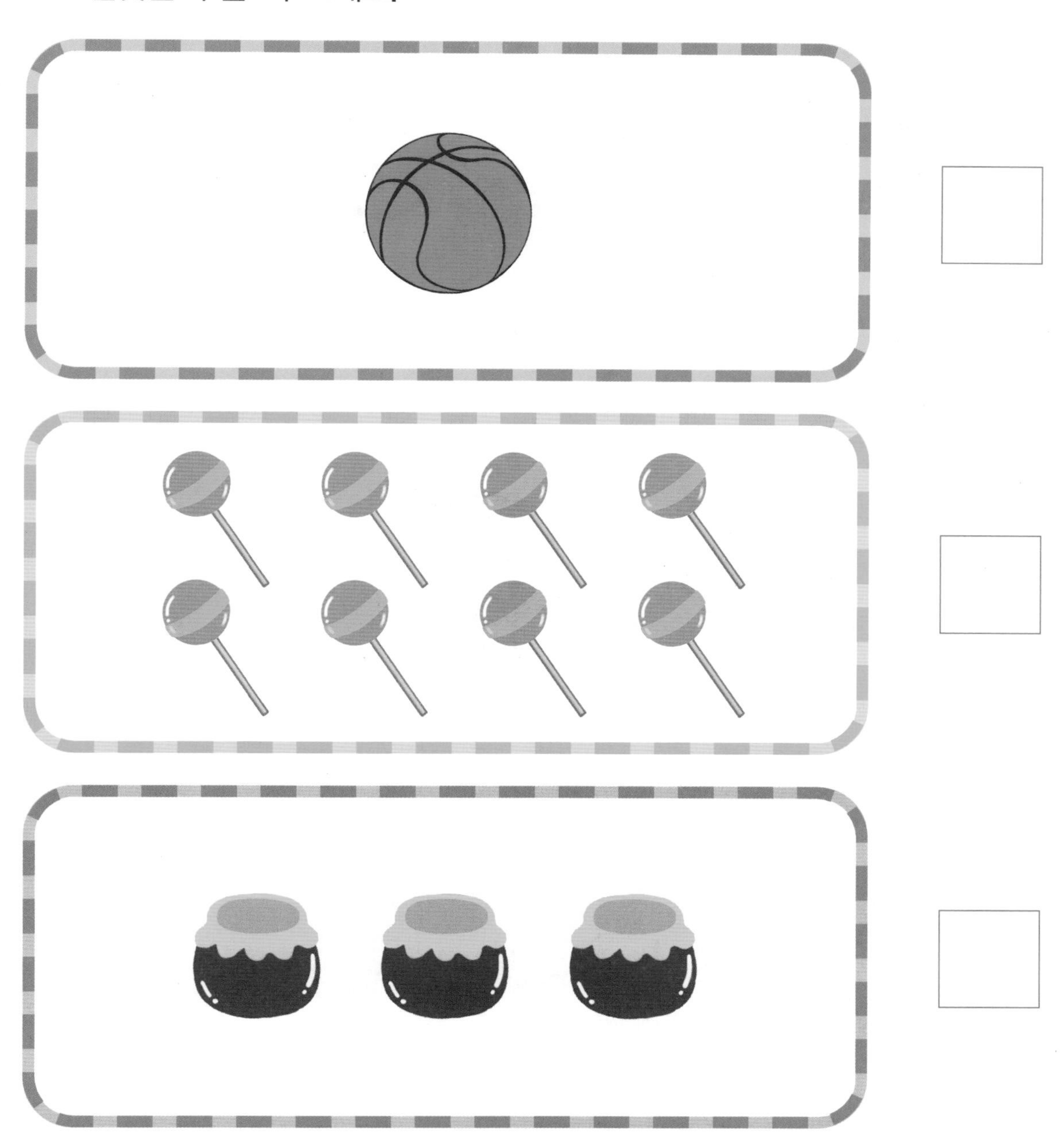

다음 각 그림에서 열 개가 되려면 몇 개가 더 있어야 하는지 □ 안에 알맞은 수를 써 보세요.

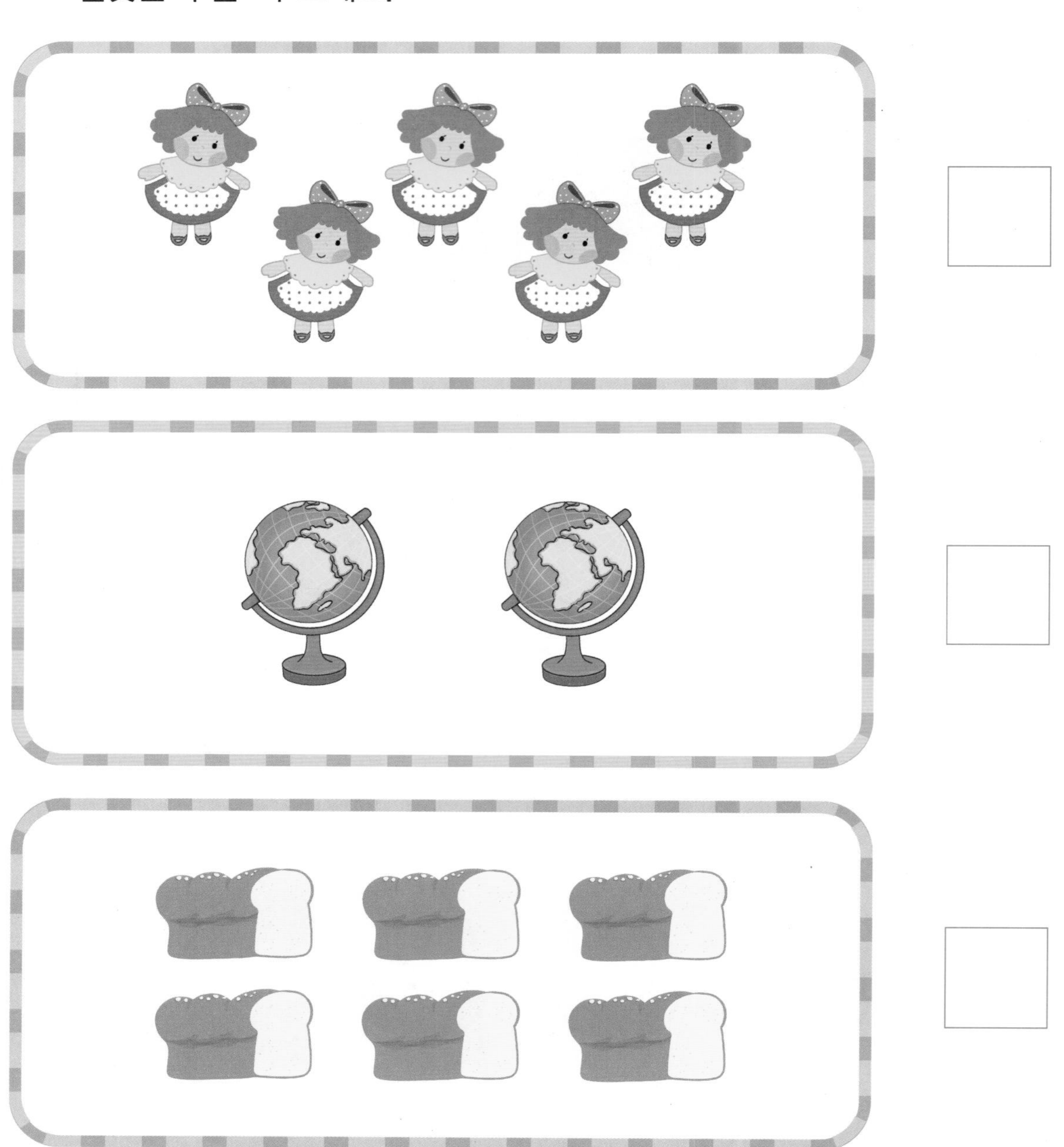

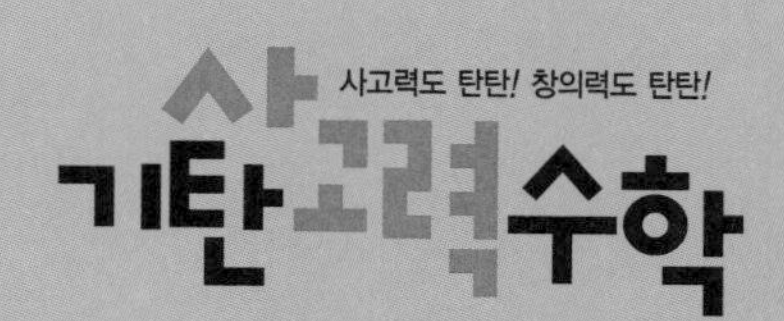


# C4

## C196a ~ C210b

| 학습 내용 | |
|---|---|
| 십진법의 원리 알기 2 | • 열 개 묶어 보기<br>• 자리 알아보기 |

**이번 주는?**

- 학습 방법 : ① 매일매일 ② 가끔 ③ 한꺼번에 하였습니다.
- 학습 태도 : ① 스스로 잘 ② 시켜서 억지로 하였습니다.
- 학습 흥미 : ① 재미있게 ② 싫증 내며 하였습니다.
- 교재 내용 : ① 적합하다고 ② 어렵다고 ③ 쉽다고 하였습니다.

**지도 교사가 부모님께**

**부모님이 지도 교사께**

**평가** Ⓐ 아주 잘함 Ⓑ 잘함 Ⓒ 보통 Ⓓ 부족함

원(교) 반 이름 전화

기초부터 탄탄하게 기탄교육

# 이렇게 도와주세요!

**십진법의 원리 알기 2**

어린이가 수를 의미 있게 알려면 수의 체계를 이해하는 것이 중요하고 수의 체계를 알기 위해서는 십진법과 자릿값의 개념을 이해하는 것이 가장 중요합니다.
열 개 묶어 보기와 자리 알아보기는 어린이의 수 감각을 발달시켜 주고 특히 열 개로 묶어 보는 활동은 큰 양을 세는 것을 도와주며 자릿값의 기초 활동이 됩니다.

**지도 목표**

- 구체물을 열 개씩 한 묶음으로 묶을 수 있도록 합니다.
- 열 개 묶음을 한 개로 표현하여 자릿값을 알게 합니다.

**지도 요점**

구체물을 다양하게 제시하여 어린이가 자릿값을 특별한 모델로 고정하여 생각하지 않도록 유의하여야 합니다.

이름 :

날짜 :

확인

[ 열 개 묶어 보기 ]

다음 그림의 각 모양의 수를 세어 열 개를 ◯로 묶어 보세요.

다음 그림의 각 모양의 수를 세어 열 개를 ◯로 묶어 보세요.

이름 :

날짜 :

확인

다음 그림의 각 모양의 수를 세어 열 개를 ◯로 묶어 보세요.

다음 그림의 각 모양의 수를 세어 열 개를 ◯로 묶어 보세요.

이름 :

날짜 :

확인

다음 그림의 각 모양의 수를 세어 열 개를 ◯로 묶어 보세요.

다음 그림의 각 모양의 수를 세어 열 개를 ◯로 묶어 보세요.

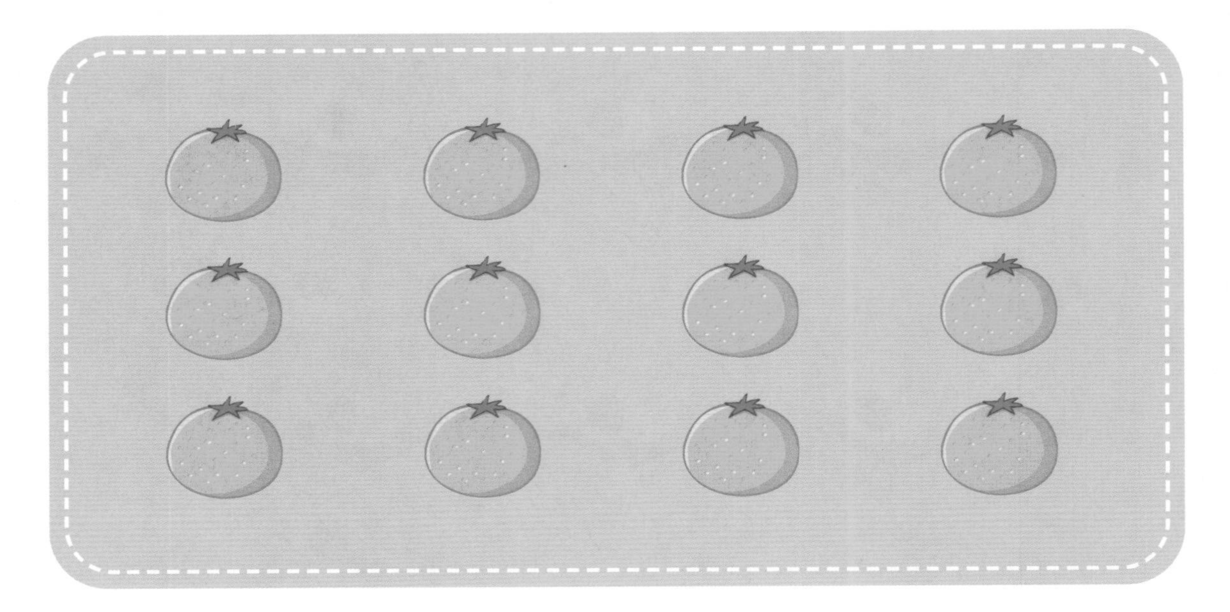

이름 :

날짜 :

확인

다음 그림의 수를 세어 열 개를 ◯로 묶어 보세요.

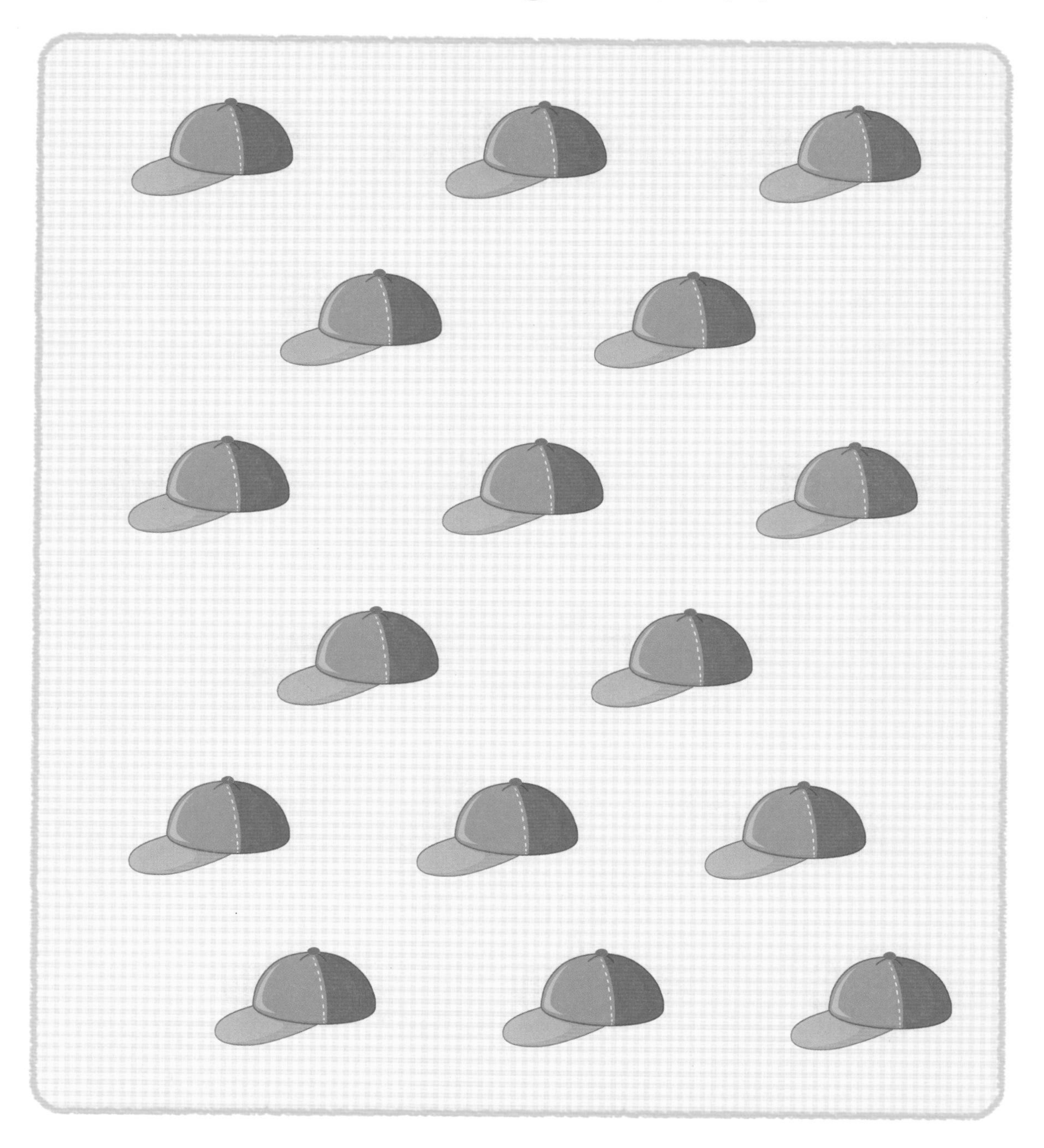

다음 그림의 수를 세어 열 개를 ◯로 묶어 보세요.

이름 :

날짜 :

확인

다음 그림의 수를 세어 열 개를 ◯로 묶어 보세요.

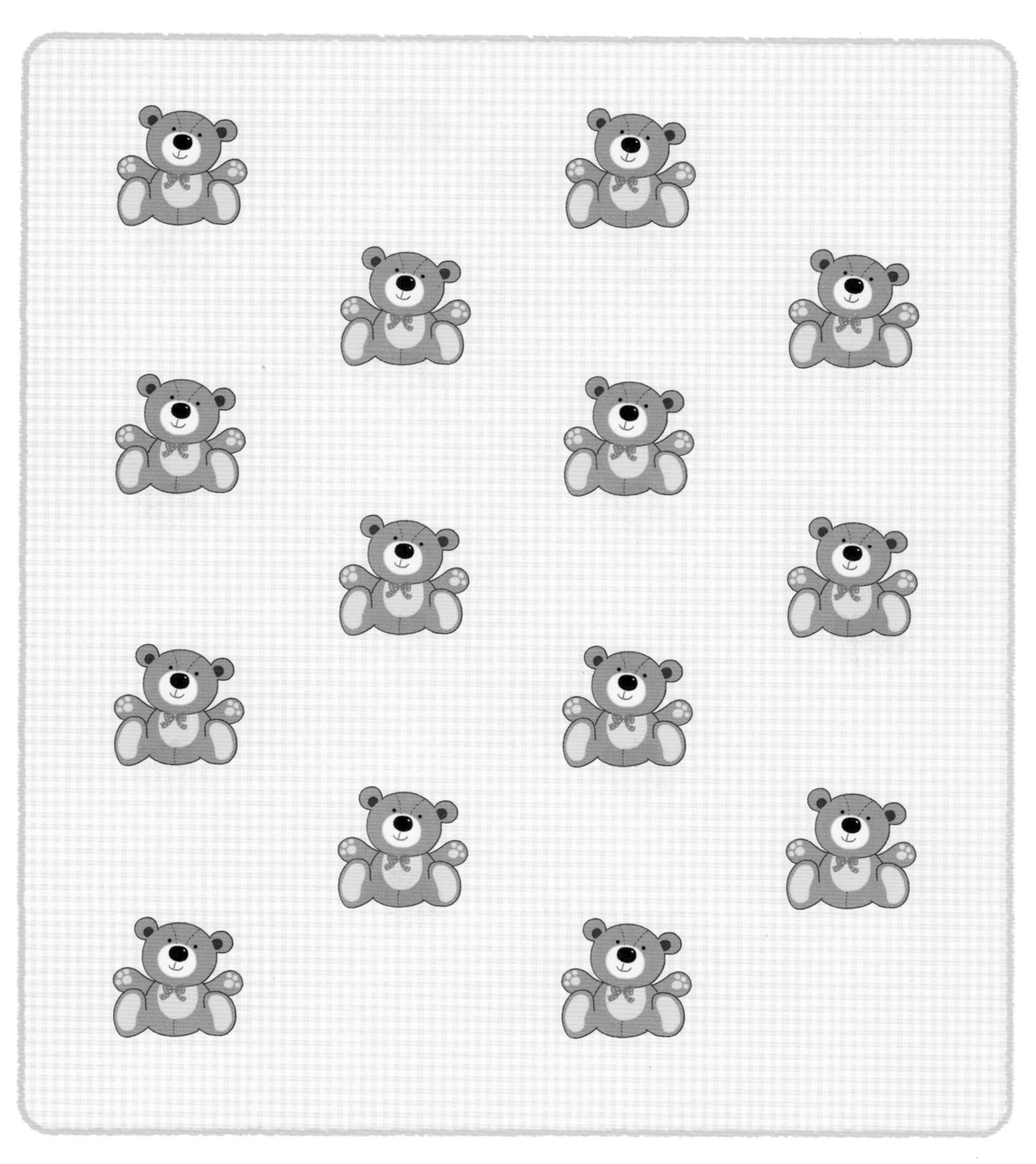

다음 그림의 수를 세어 열 개를 ◯로 묶어 보세요.

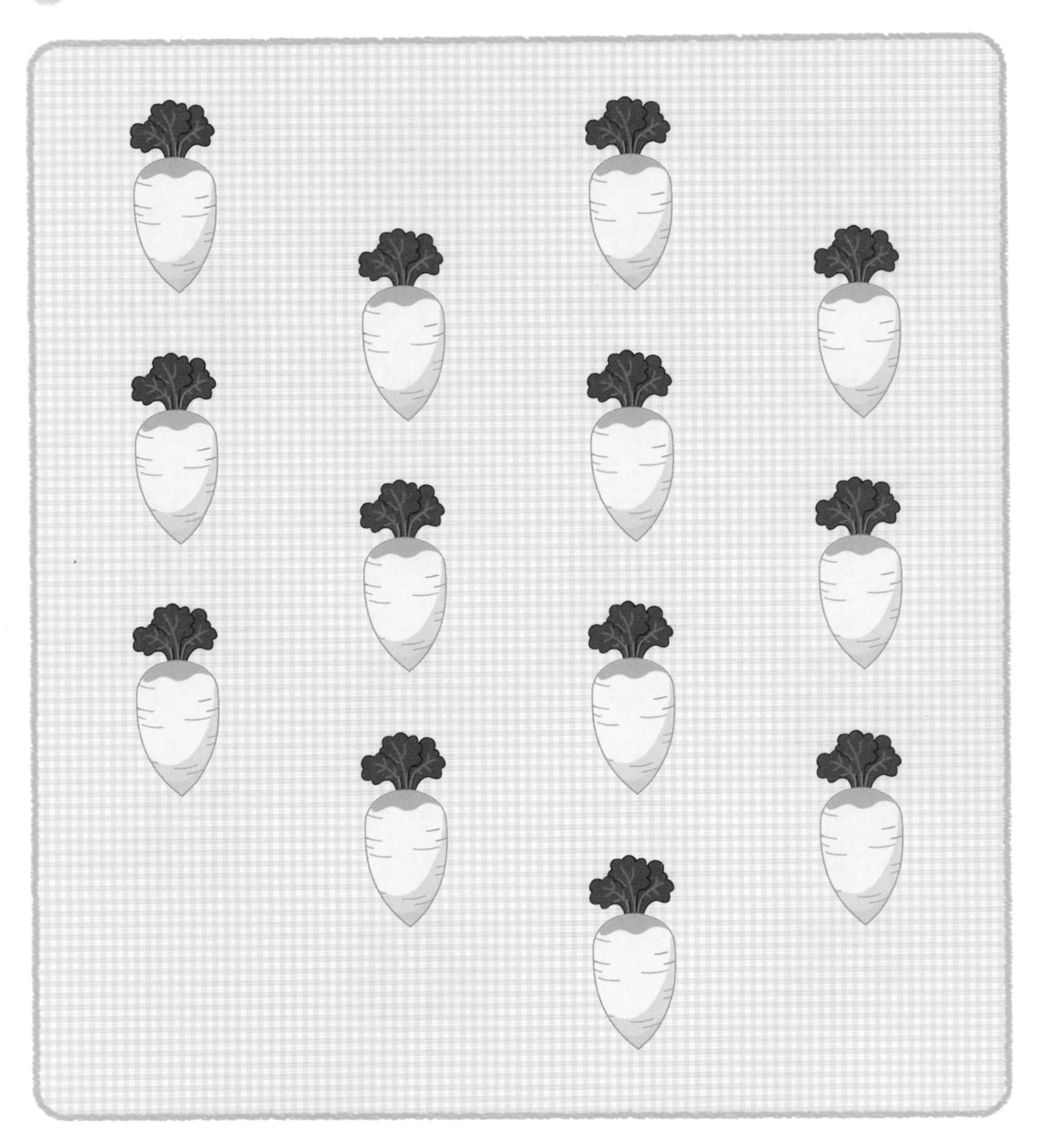

이름 :

날짜 :

확인

원숭이가 들고 있는 바나나 한 묶음에는 몇 송이의 바나나가 묶여 있는지 세어 보고, 아래 그림에서 그 수만큼 ◯로 묶어 보세요.

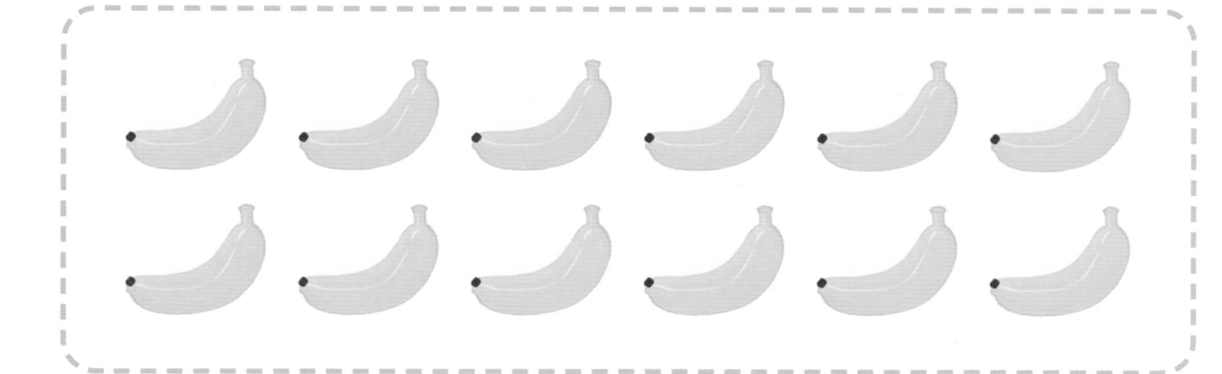

민지가 들고 있는 귤 한 봉지 안에는 몇 개의 귤이 들어 있는지 세어 보고, 아래 그림에서 그 수만큼 ◯로 묶어 보세요.

이름 :

날짜 :

확인

엄마가 들고 있는 생선 한 묶음에는 몇 마리의 생선이 묶여 있는지 세어 보고, 아래 그림에서 그 수만큼 ◯로 묶어 보세요.

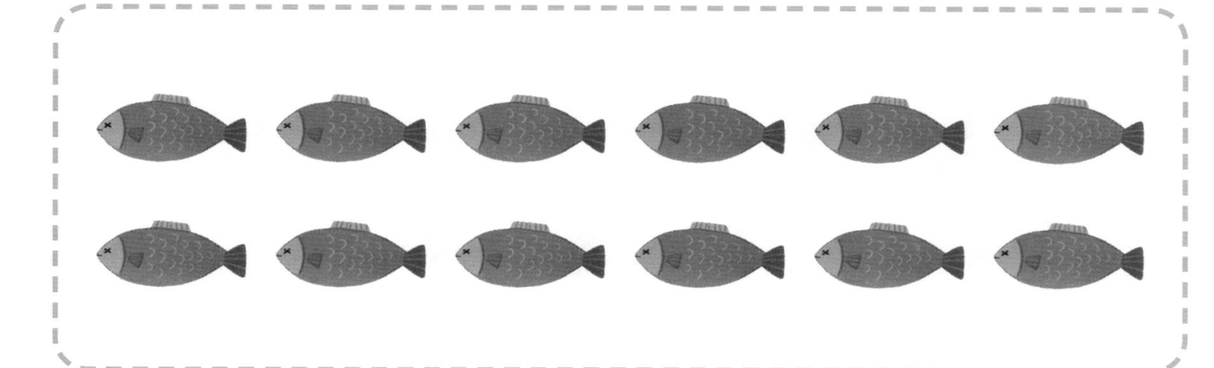

지민이가 열 살이 되는 생일 파티 모습입니다. 케이크에 꽂은 큰 초 한 개는 작은 초 몇 개와 같은지 아래 그림에서 작은 초를 ◯로 묶어 보세요.

이름 :

날짜 :

확인

[ 자리 알아보기 ]

다음 그림에 있는 달걀을 달걀판에 열 개 담았을 때, 달걀판의 달걀과 남은 달걀은 각각 몇 개인지 아래 빈칸에 ◯를 그려 보세요.

| 열 개 묶음 | 남은 낱개 |
| --- | --- |
| | |
| | |

다음 그림에 있는 우유병을 상자에 열 개 담았을 때, 상자 안의 우유병과 남은 우유병은 각각 몇 개인지 아래 빈칸에 ◯를 그려 보세요.

| 열 개 묶음 | 남은 낱개 |
| --- | --- |
| | |
| | |

이름 :

날짜 :

확인

왼쪽 그림을 열 개 한 묶음과 낱개로 나타낸 것을 찾아 선으로 이어 보세요.

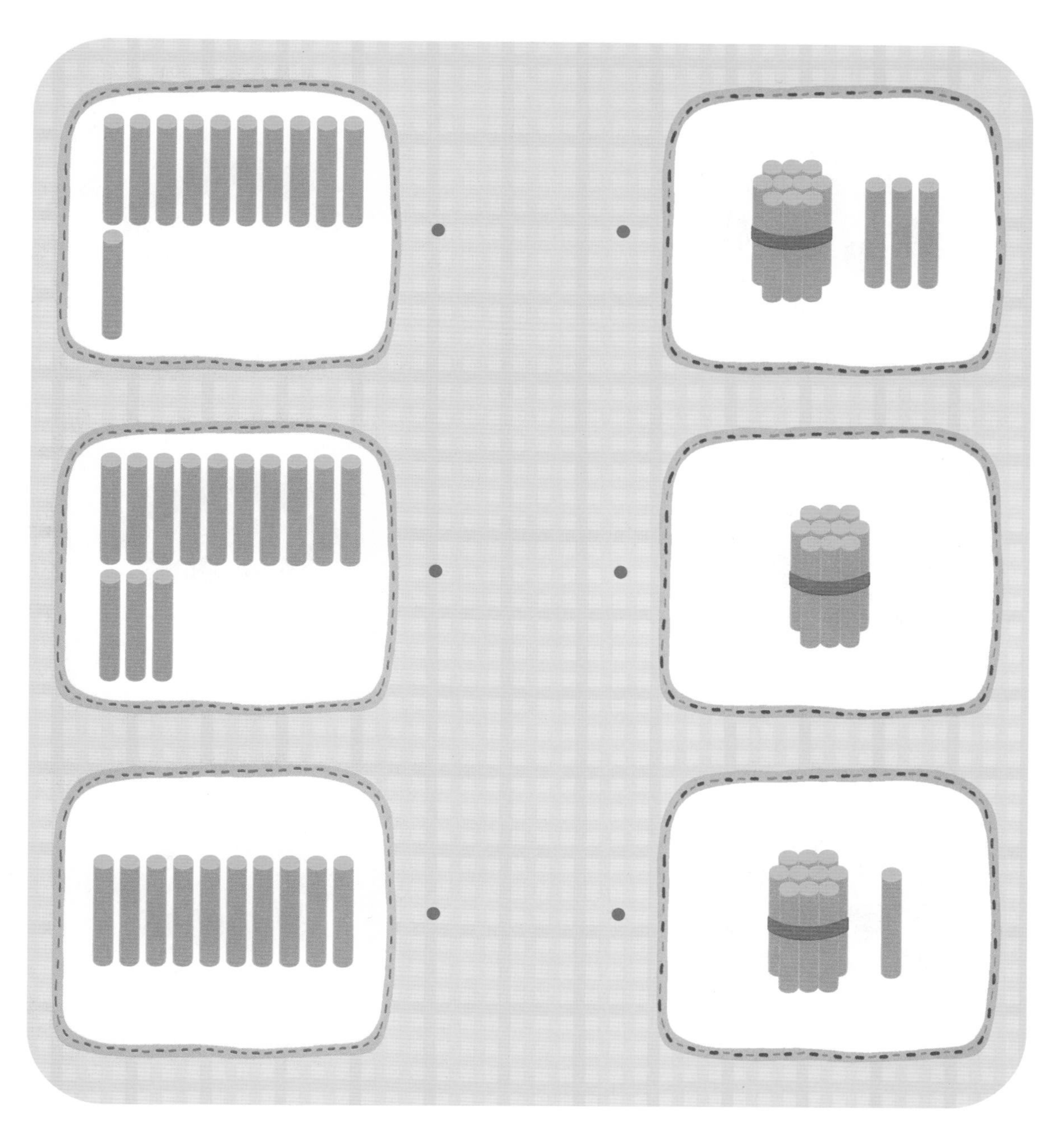

왼쪽 그림을 열 개 한 묶음과 낱개로 나타낸 것을 찾아 선으로 이어 보세요.

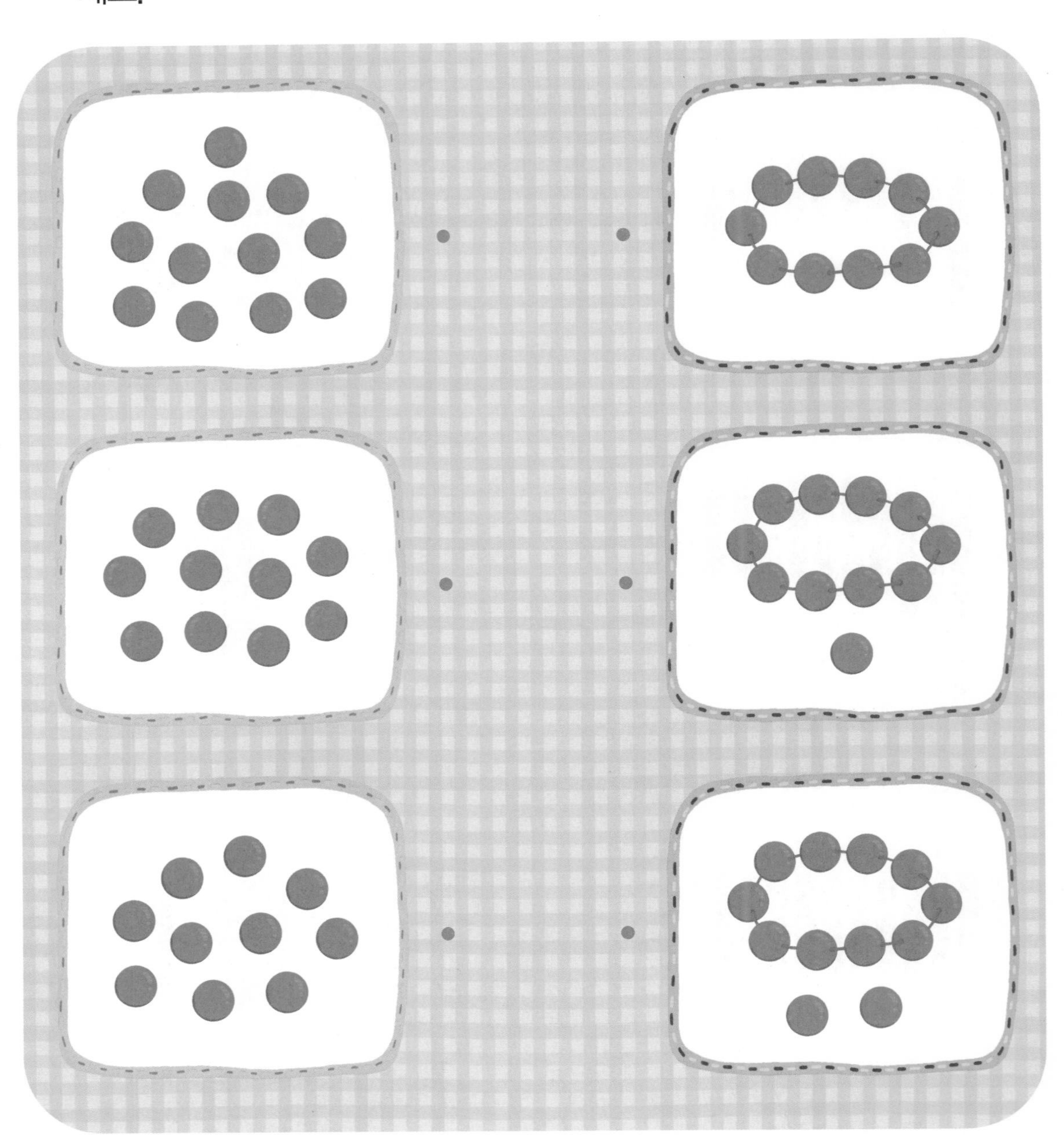

이름 :

날짜 :

확인

다음 그림의 ▲ 모양 열 개를 한 묶음으로 묶고 이를 아래 그림처럼 한 개의 큰 모양으로 나타내었을 때, 남은 낱개의 수만큼 빈칸에 △를 그려 보세요.

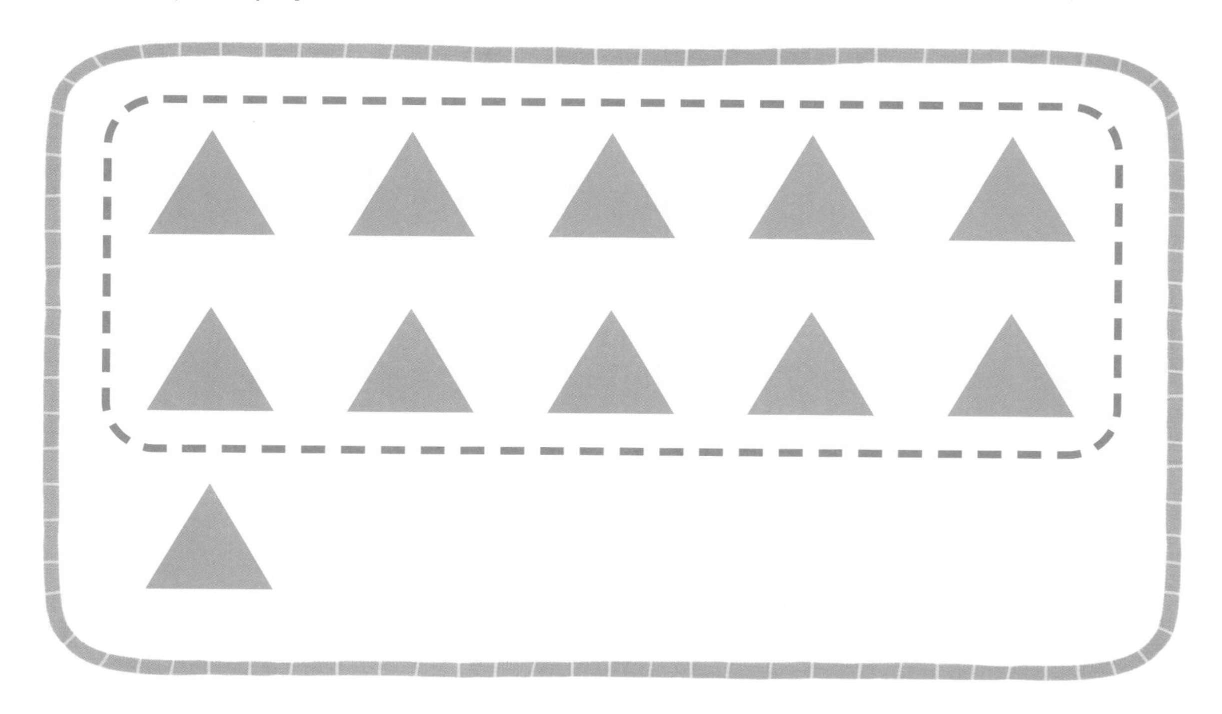

| 열 개 묶음 자리 | 낱개 자리 |
| --- | --- |
| ▲ | |

다음 그림의 ■ 모양 열 개를 한 묶음으로 묶고 이를 아래 그림처럼 한 개의 큰 모양으로 나타내었을 때, 남은 낱개의 수만큼 빈칸에 □를 그려 보세요.

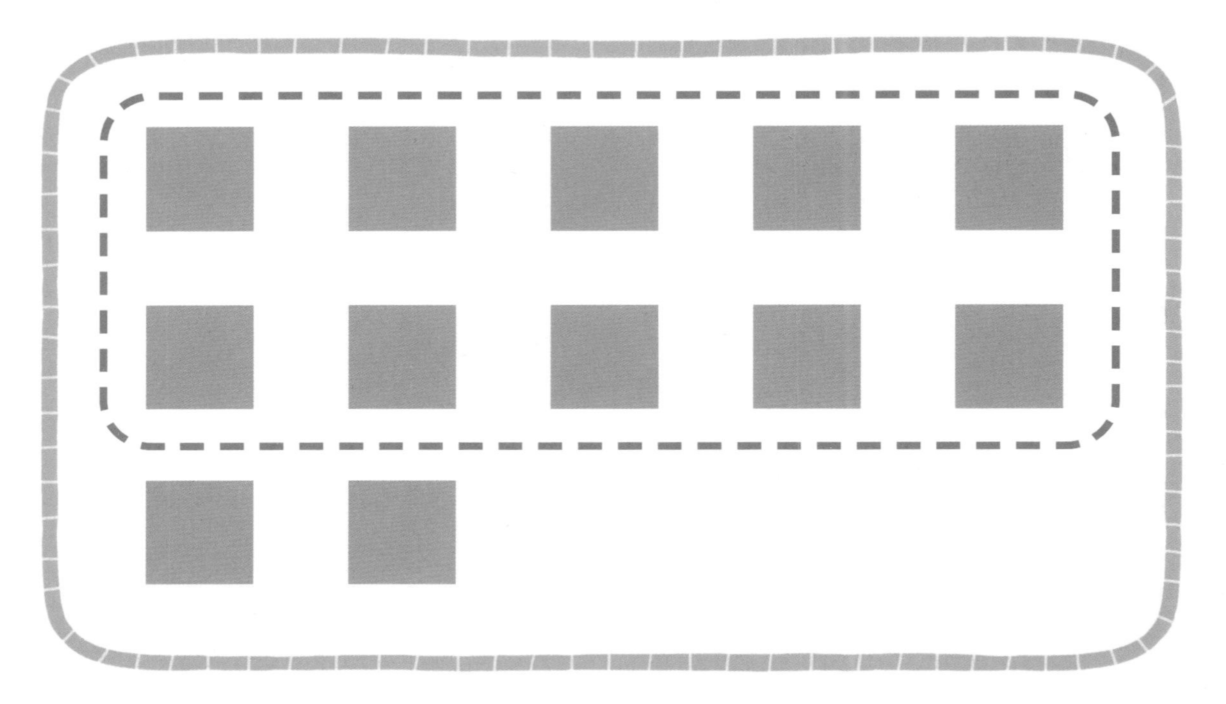

| 열 개 묶음 자리 | 낱개 자리 |
|---|---|
| ■ | |

이름 :

날짜 :

확인

다음 그림의 ● 모양 열 개를 한 묶음으로 묶고 이를 아래 그림처럼 한 개의 큰 모양으로 나타내었을 때, 남은 낱개의 수만큼 빈칸에 ◯를 그려 보세요.

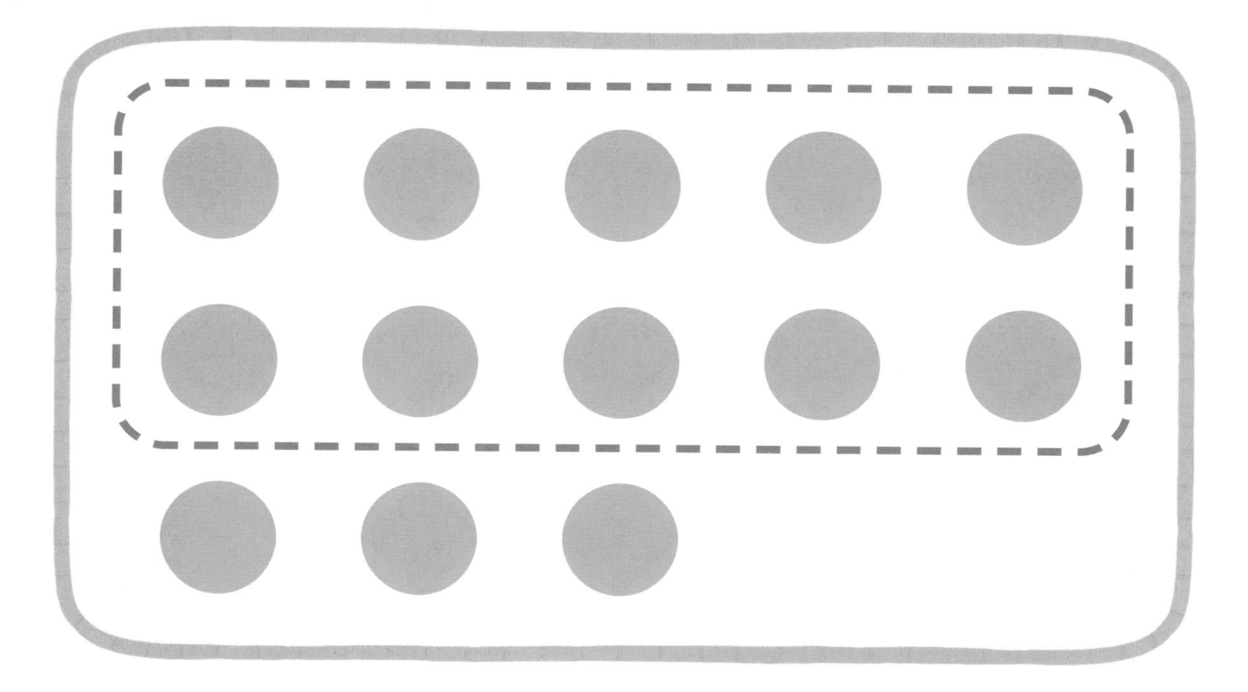

| 열 개 묶음 자리 | 낱개 자리 |
| --- | --- |
| ● | |

다음 그림의 ◆ 모양 열 개를 한 묶음으로 묶고 이를 아래 그림처럼 한 개의 큰 모양으로 나타내었을 때, 남은 낱개의 수만큼 빈칸에 ◇를 그려 보세요.

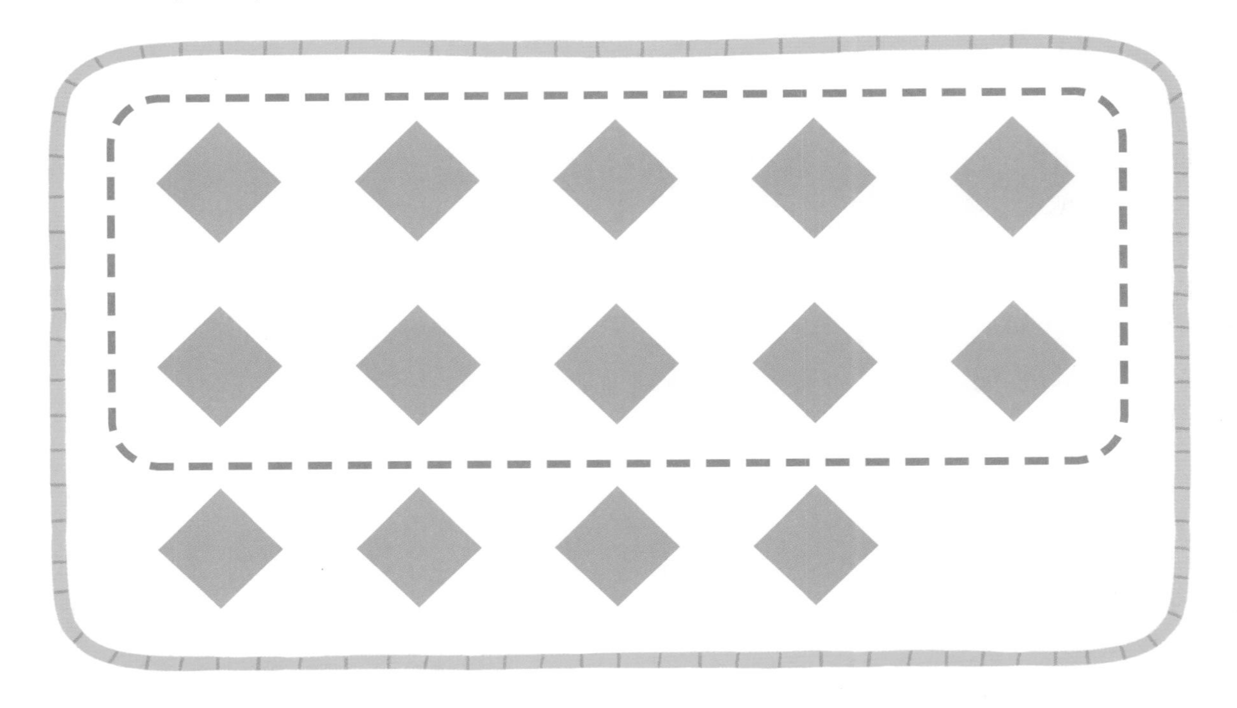

| 열 개 묶음 자리 | 낱개 자리 |
|---|---|
| ◆ | |

이름 :

날짜 :

확인

다음 그림의 ● 모양 열 개를 한 묶음으로 묶고 남은 낱개의 수를 아래와 같이 나타내었을 때, 열 개 묶음 자리에 들어갈 모양을 ○로 그려 보세요.

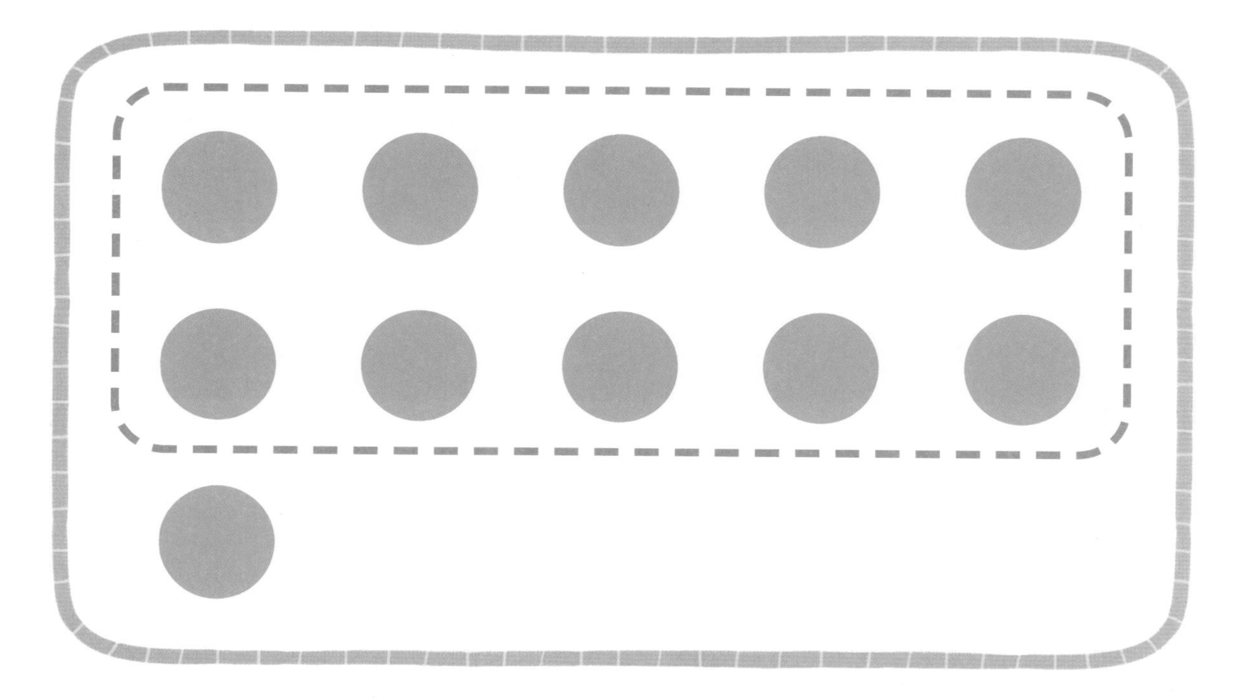

| 열 개 묶음 자리 | 낱개 자리 |
|---|---|
|  | ● |

다음 그림의 ■ 모양 열 개를 한 묶음으로 묶고 남은 낱개의 수를 아래와 같이 나타내었을 때, 열 개 묶음 자리에 들어갈 모양을 □로 그려 보세요.

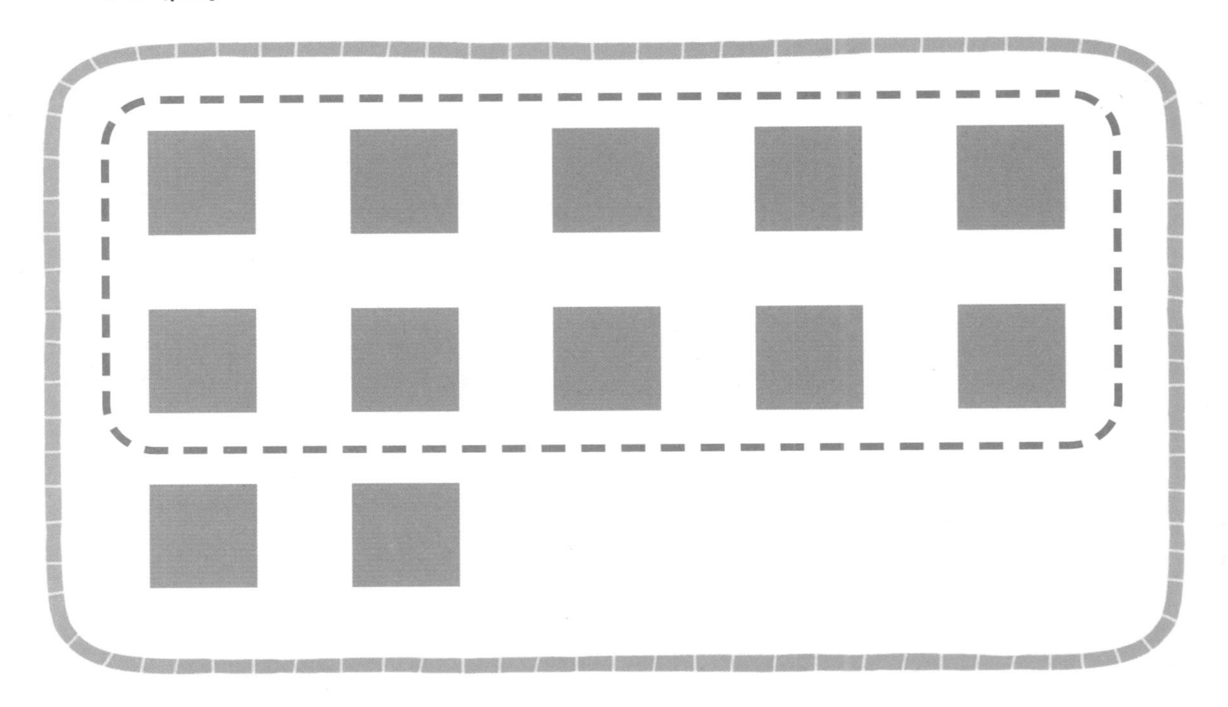

| 열 개 묶음 자리 | 낱개 자리 |
| --- | --- |
|  | ■ ■ |

이름 :

날짜 :

확인

다음 그림의 ◆ 모양 열 개를 한 묶음으로 묶고 남은 낱개의 수를 아래와 같이 나타내었을 때, 열 개 묶음 자리에 들어갈 모양을 ◇로 그려 보세요.

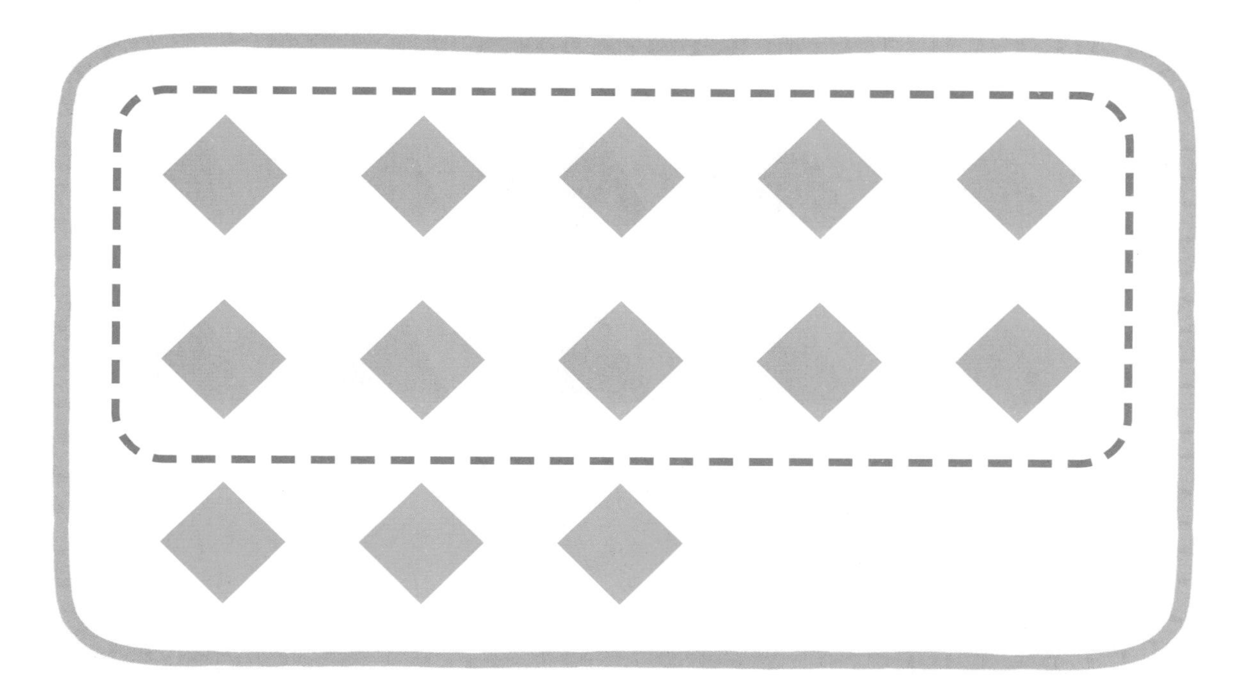

| 열 개 묶음 자리 | 낱개 자리 |
| --- | --- |
|  | ◆◆◆ |

다음 그림의 ▲ 모양 열 개를 한 묶음으로 묶고 남은 낱개의 수를 아래와 같이 나타내었을 때, 열 개 묶음 자리에 들어갈 모양을 △로 그려 보세요.

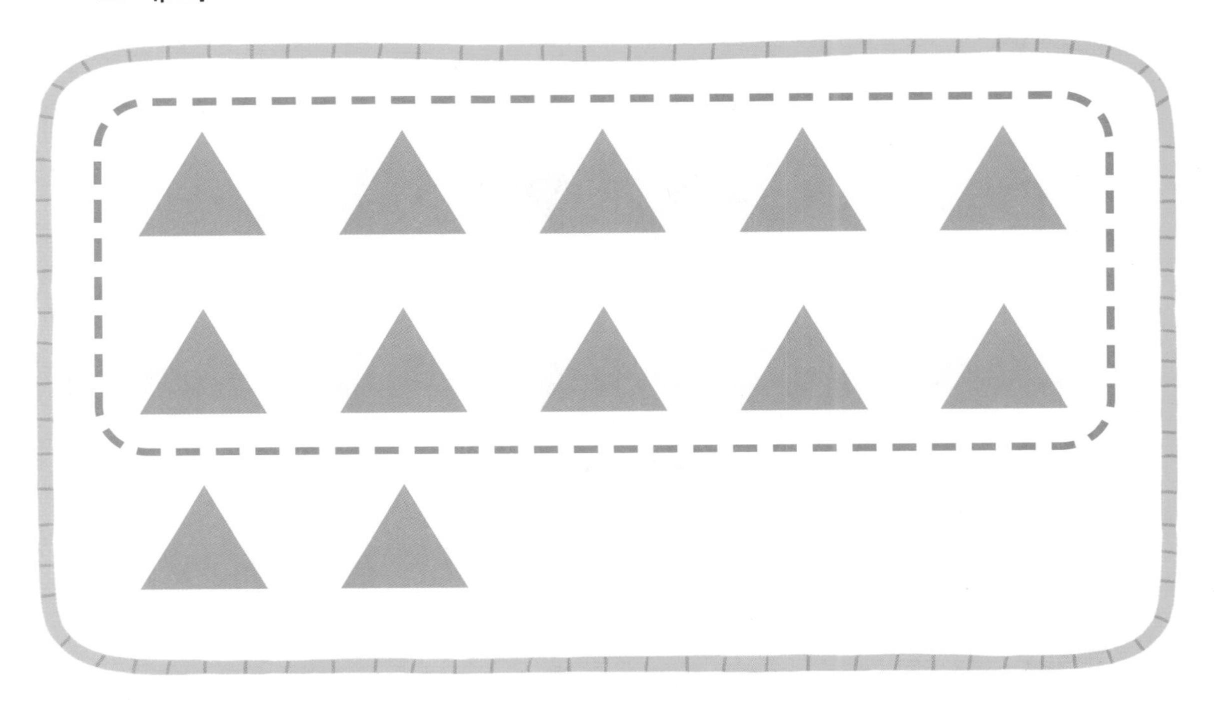

| 열 개 묶음 자리 | 낱개 자리 |
| --- | --- |
|  | ▲▲ |

이름 :

날짜 :

확인

다음 그림의 ■ 모양 열 개를 선으로 묶어 보고, 아래 표의 열 개 묶음 자리에는 큰 모양의 □로 그려 보고, 낱개 자리에는 남은 모양의 수만큼 □를 그려 보세요.

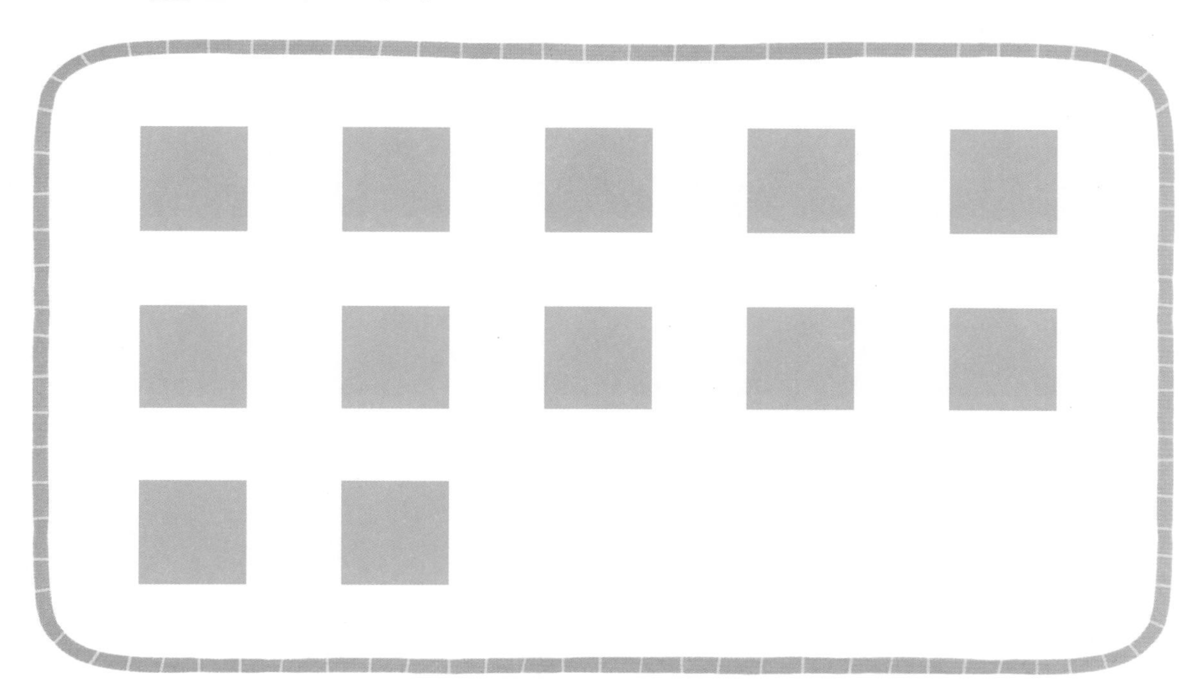

| 열 개 묶음 자리 | 낱개 자리 |
| --- | --- |
| | |

다음 그림의 ▲ 모양 열 개를 선으로 묶어 보고, 아래 표의 열 개 묶음 자리에는 큰 모양의 △로 그려 보고, 낱개 자리에는 남은 모양의 수만큼 △를 그려 보세요.

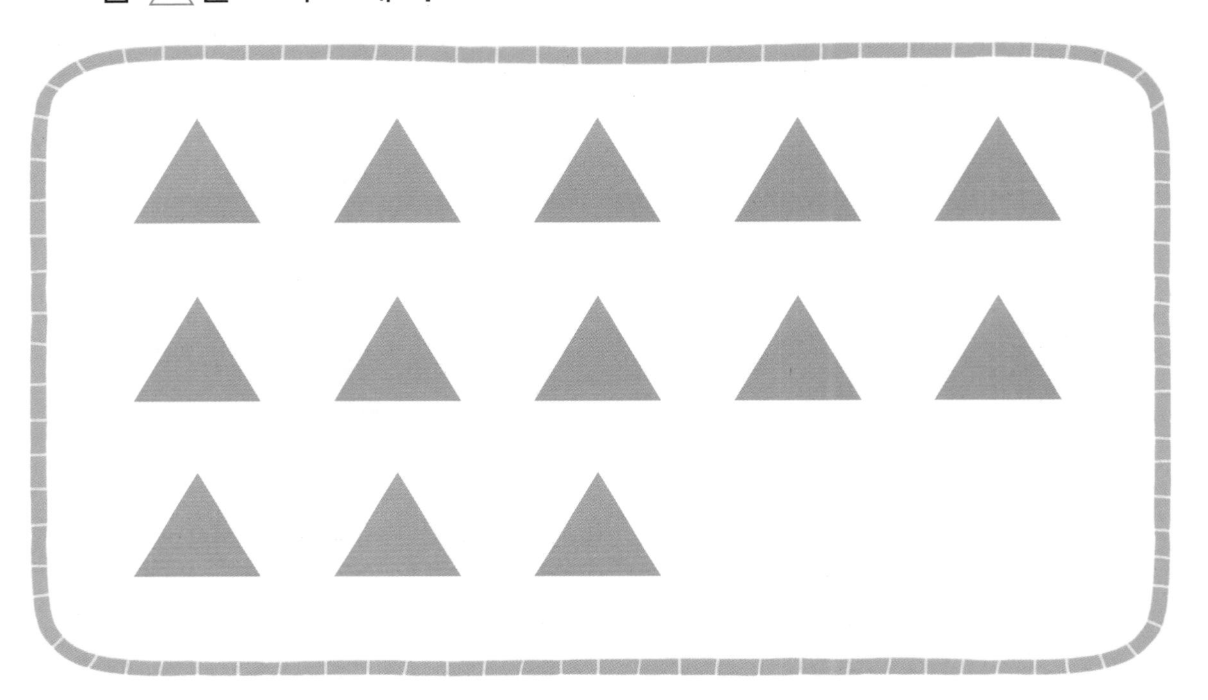

| 열 개 묶음 자리 | 낱개 자리 |
| --- | --- |
|  |  |

이름 :

날짜 :

확인

다음 그림의 ● 모양 열 개를 선으로 묶어 보고, 아래 표의 열 개 묶음 자리에는 큰 모양의 ◯로 그려 보고, 낱개 자리에는 남은 모양의 수만큼 ◯를 그려 보세요.

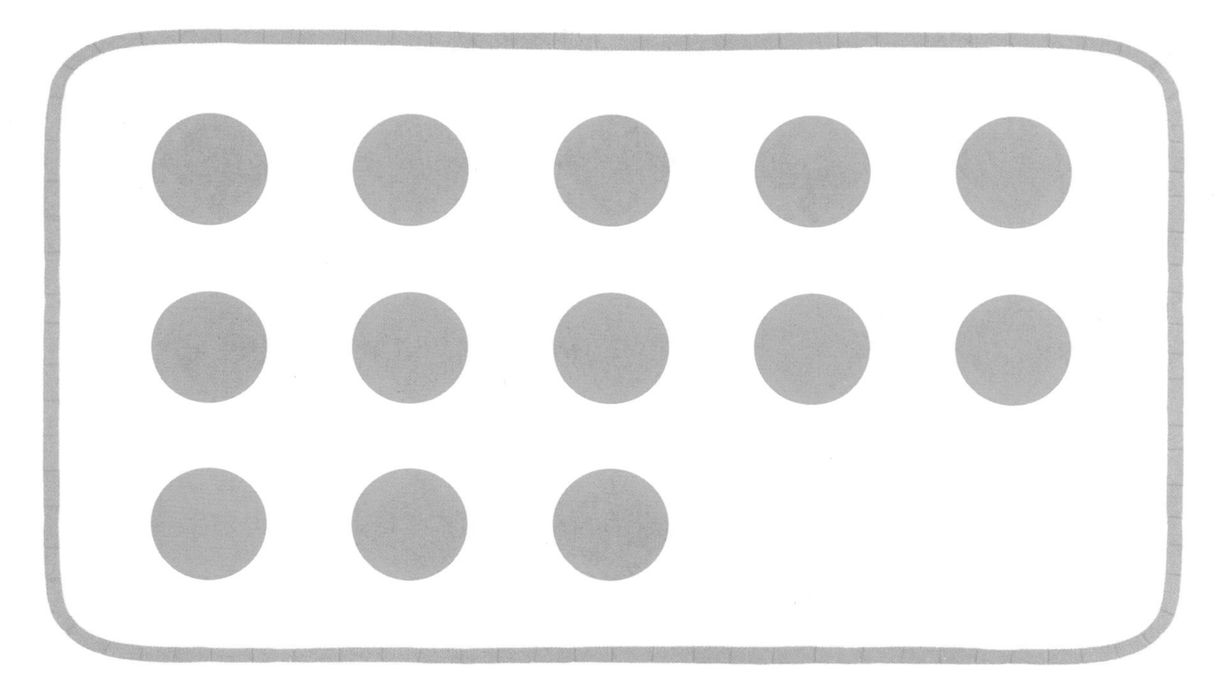

| 열 개 묶음 자리 | 낱개 자리 |
|---|---|
| | |

다음 그림의 ◆ 모양 열 개를 선으로 묶어 보고, 아래 표의 열 개 묶음 자리에는 큰 모양의 ◇로 그려 보고, 낱개 자리에는 남은 모양의 수만큼 ◇를 그려 보세요.

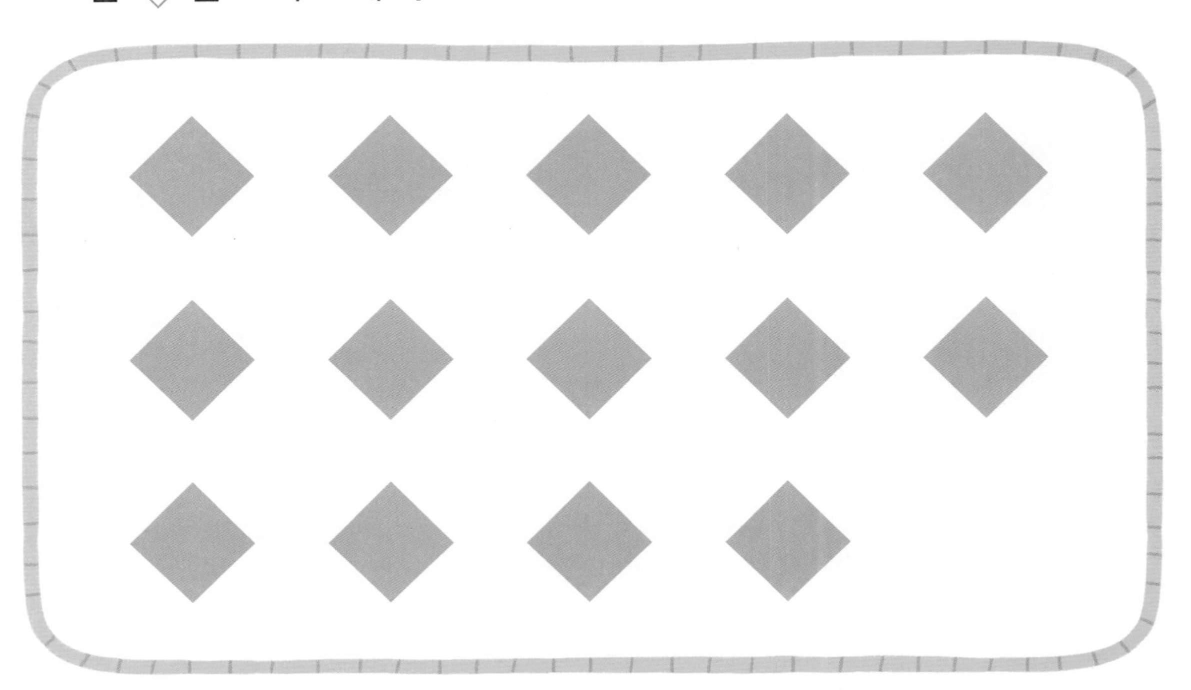

| 열 개 묶음 자리 | 낱개 자리 |
| --- | --- |
| | |

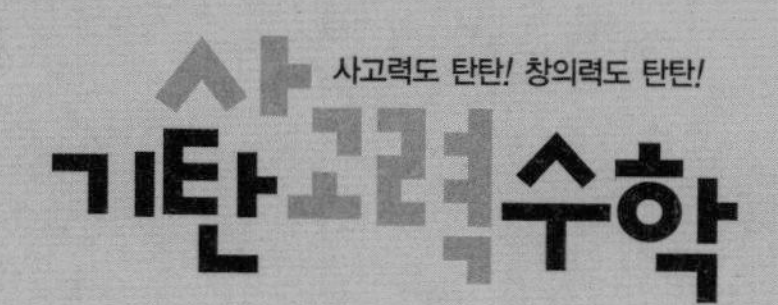


# C4

## C211a ~ C225b

**학습 내용**

| | |
|---|---|
| 십진법의 원리 알기 3 | • 수 '10' 알아보기<br>• 10의 크기 알아보기<br>• 더하여 10이 되는 수 알아보기 |

**이번 주는?**

- 학습 방법 : ① 매일매일 ② 가끔 ③ 한꺼번에 하였습니다.
- 학습 태도 : ① 스스로 잘 ② 시켜서 억지로 하였습니다.
- 학습 흥미 : ① 재미있게 ② 싫증 내며 하였습니다.
- 교재 내용 : ① 적합하다고 ② 어렵다고 ③ 쉽다고 하였습니다.

**지도 교사가 부모님께**

**부모님이 지도 교사께**

**평가** Ⓐ 아주 잘함 Ⓑ 잘함 Ⓒ 보통 Ⓓ 부족함

원(교) 반 이름 전화

기초부터 탄탄하게 기탄교육

# 이렇게 도와주세요!

**십진법의 원리 알기 3**

이제 수 '10'에 대하여 알아보게 됩니다. '아홉'에 '하나'를 더하면 '열'이 되고, '열'을 숫자로 어떻게 나타내는지를 십진법의 원리에 의하여 이해하도록 합니다.

- 수는 열 개가 되면 하나의 묶음으로 묶습니다.
- '십'이 하나이므로 '일십'이라고 하고 이것을 줄여서 '십'이라고 읽습니다.

| 십의 자리 | 일의 자리 |
|---|---|
| 1 | 0 |

- '십' 하나는 '일' 열 개와 그 값이 똑같습니다.
- 숫자 '1'이 어느 자리에 있느냐에 따라서 그 값이 다릅니다.

**지도 목표**

수 '10'을 십진법의 원리에 의하여 이해하도록 합니다.

**지도 요점**

수에도 자리가 있고 자리에 따라 값이 다르다는 것을 알게 합니다.

이름 :

날짜 :

확인

[ 수 '10' 알아보기 ]

다음 그림의 ■ 모양 아홉 개에 한 개를 더하여 열 개를 만들었어요. 열 개를 수로 어떻게 쓰는지 알아보세요.

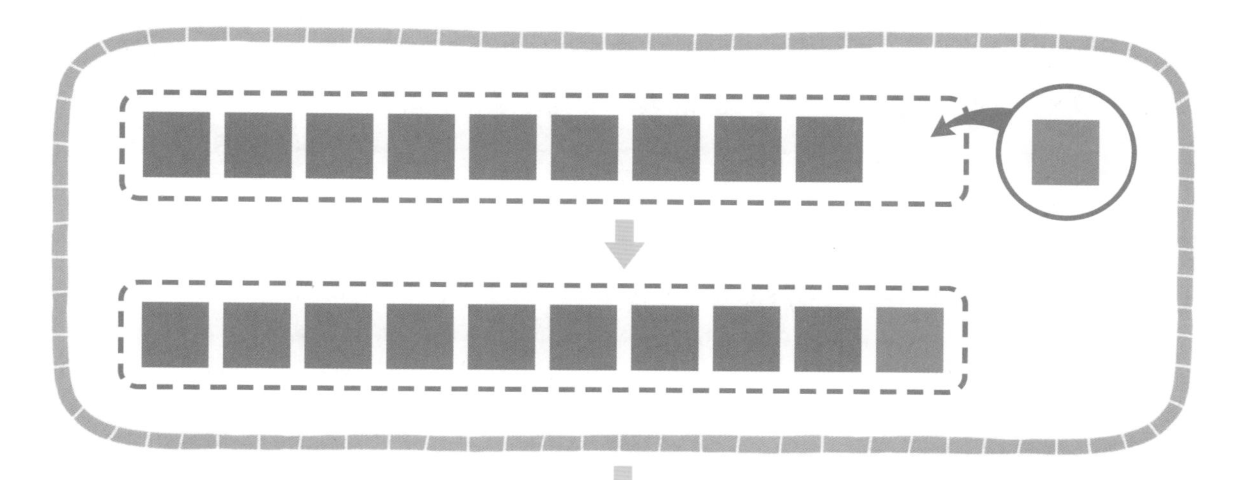

| 열 개 묶음 자리 | 낱개 자리 |
|---|---|
| ■ | |

| 열 개 묶음 자리 | 낱개 자리 |
|---|---|
| 1 | 0 |

이름 :

날짜 :

다음 그림의 ● 모양 아홉 개에 한 개를 더하여 열 개를 만들었어요.
열 개를 수로 어떻게 나타내는지 아래 빈칸에 써 보세요.

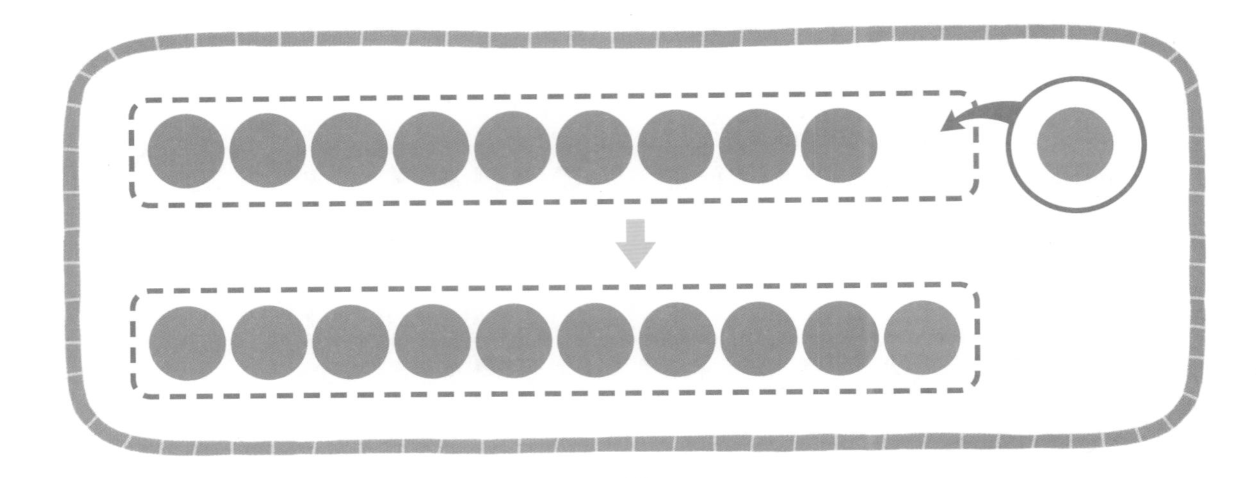

| 열 개 묶음 자리 | 낱개 자리 |
|---|---|
| ● | |

| 열 개 묶음 자리 | 낱개 자리 |
|---|---|
| | |

이름 :

날짜 :

확인

다음 그림의 감의 수를 하나씩 세어 큰 소리로 읽어 보고, 모두 몇 개인지 바르게 써 보세요.

# 10 (십, 열)

| | | |
|---|---|---|
| 10 | 10 | |
| 10 | 10 | |

다음 수를 읽어 보고, 빈칸에 바르게 따라 써 보세요.

| 1 | 2 | 3 | 4 | 5 |
|---|---|---|---|---|
| 1 | 2 | 3 | 4 | 5 |
| | | | | |
| 6 | 7 | 8 | 9 | 10 |
| 6 | 7 | 8 | 9 | 10 |
| | | | | |

이름 :

날짜 :

확인

다음 나무 도막이 몇 개인지 소리 내어 읽어 보고, 빈 곳에 알맞은 수를 써 보세요.

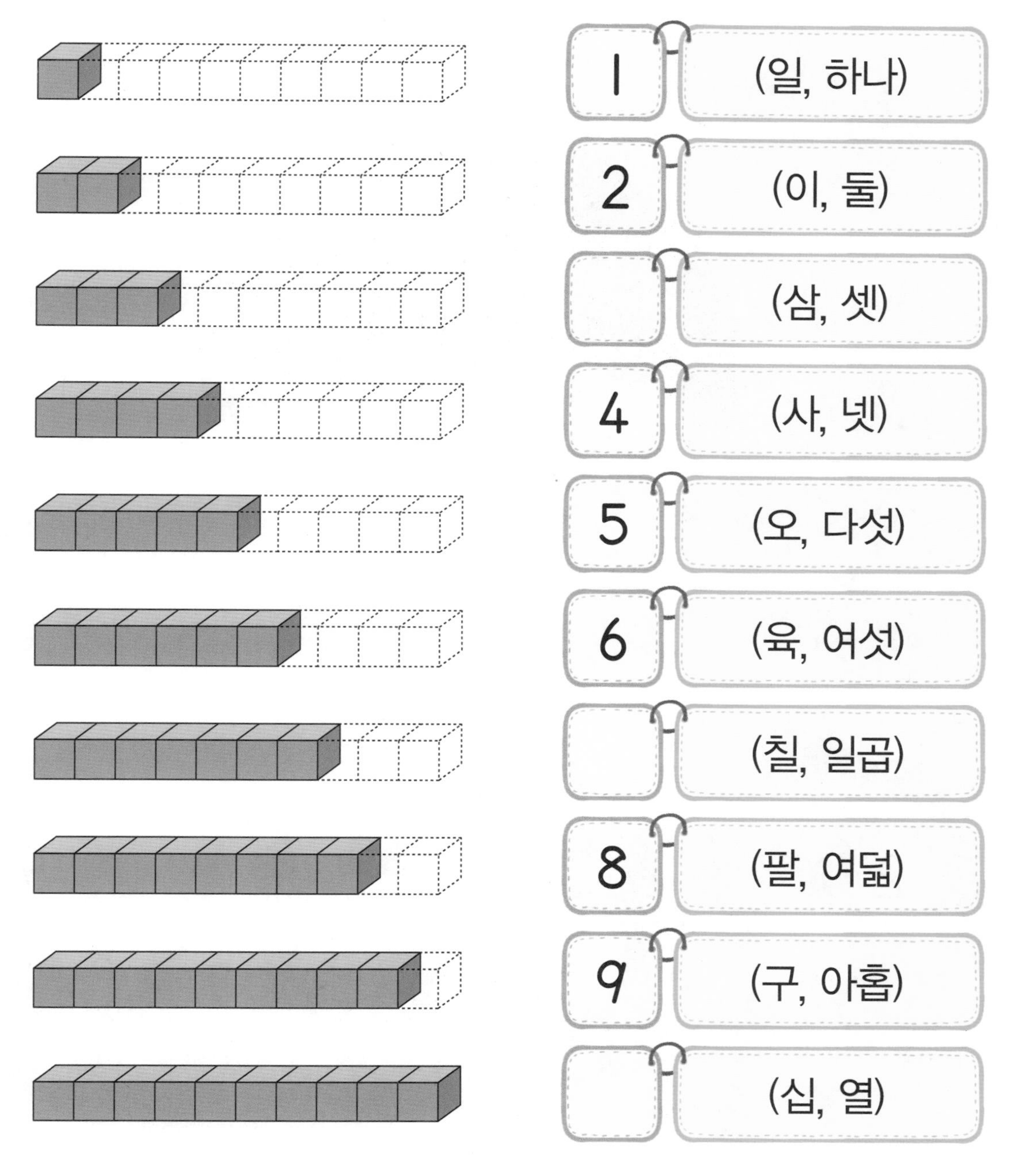

다음 손가락이 몇 개인지 소리 내어 읽어 보고, ◯ 안에 알맞은 수를 써 보세요.

이름 :

날짜 :

확인

그림의 수를 세어 보고 ◯ 안에 알맞은 수를 써 보세요.

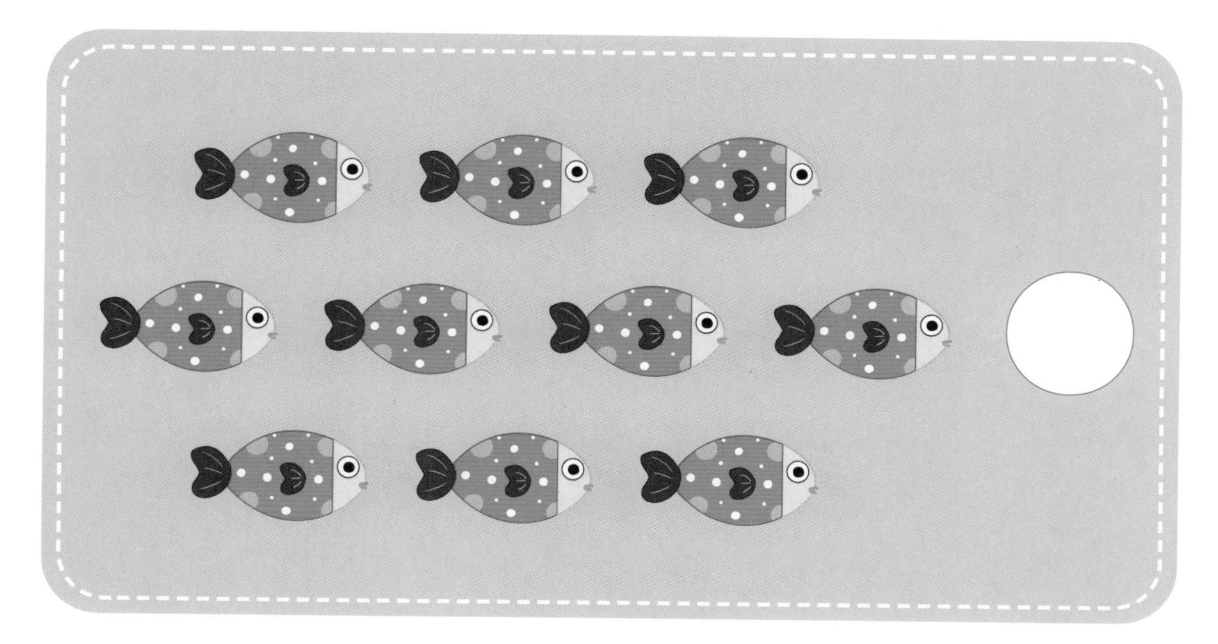

그림의 수를 세어 보고 ◯ 안에 알맞은 수를 써 보세요.

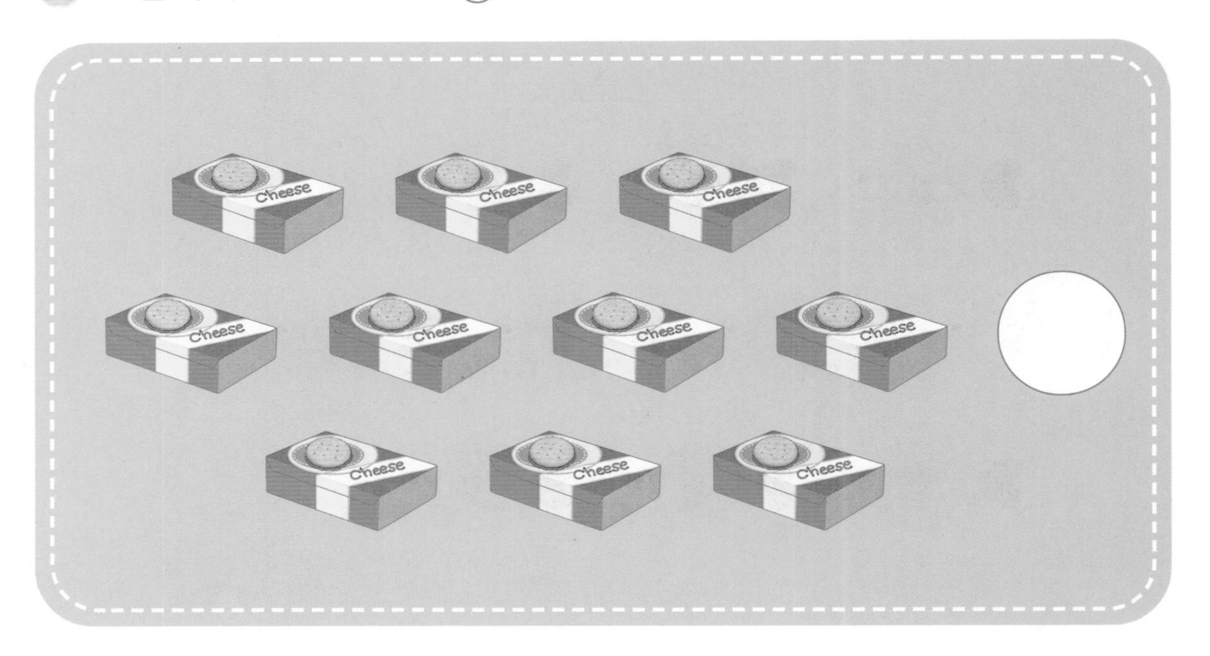


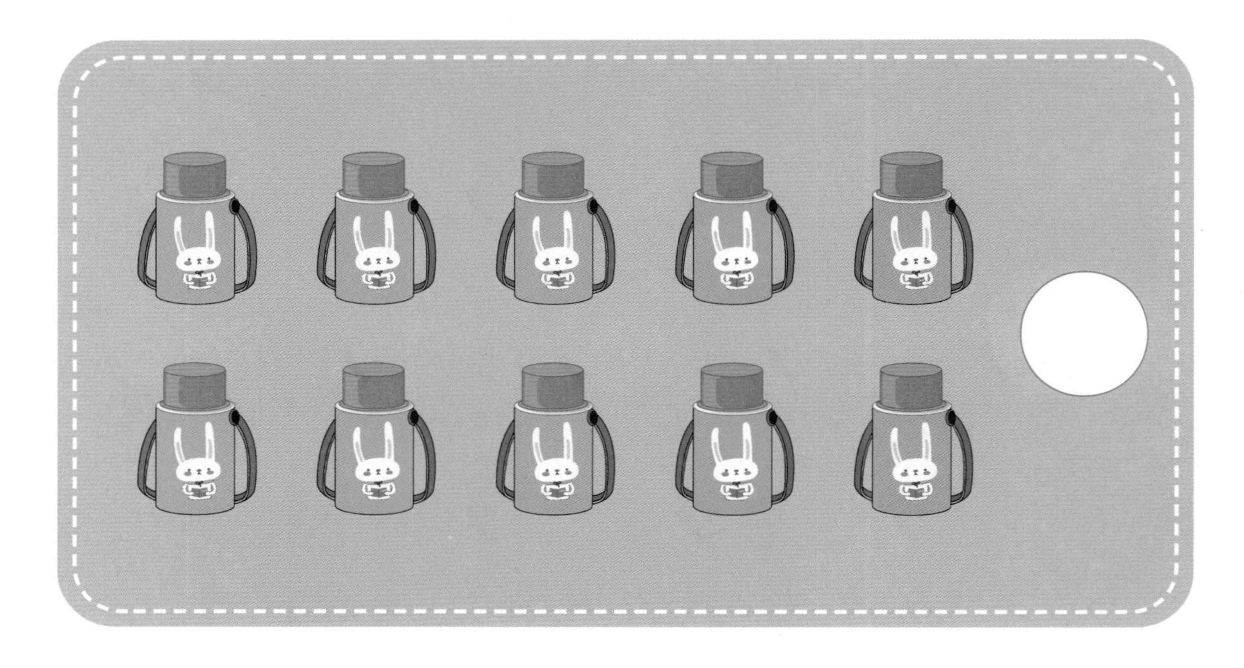

이름 :

날짜 :

확인

그림의 수를 세어 보고 ◯ 안에 알맞은 수를 써 보세요.

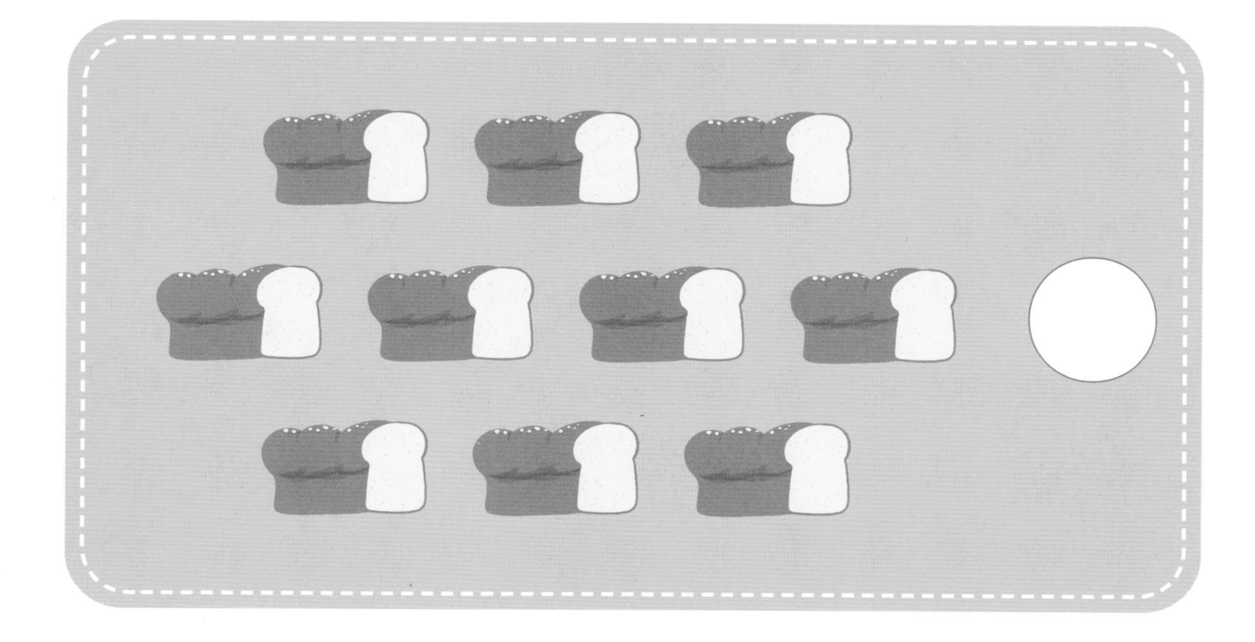

그림의 수를 세어 보고 ◯ 안에 알맞은 수를 써 보세요.

이름 :

날짜 :

확인

묶음 자리와 낱개 자리에 놓여진 그림을 보고, 어떤 수를 나타내는지 □ 안에 알맞은 수를 써 보세요.

| 묶음 자리 | 낱개 자리 |
| --- | --- |
| 십의 자리 | 일의 자리 |

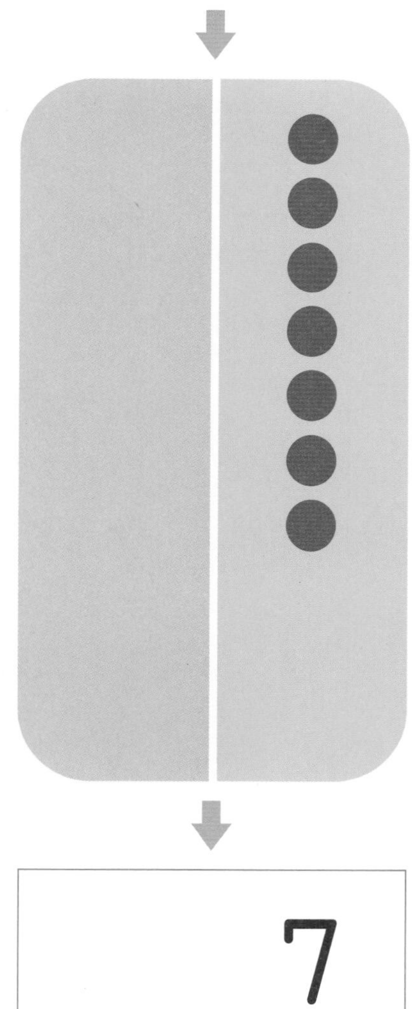

7

| 묶음 자리 | 낱개 자리 |
| --- | --- |
| 십의 자리 | 일의 자리 |

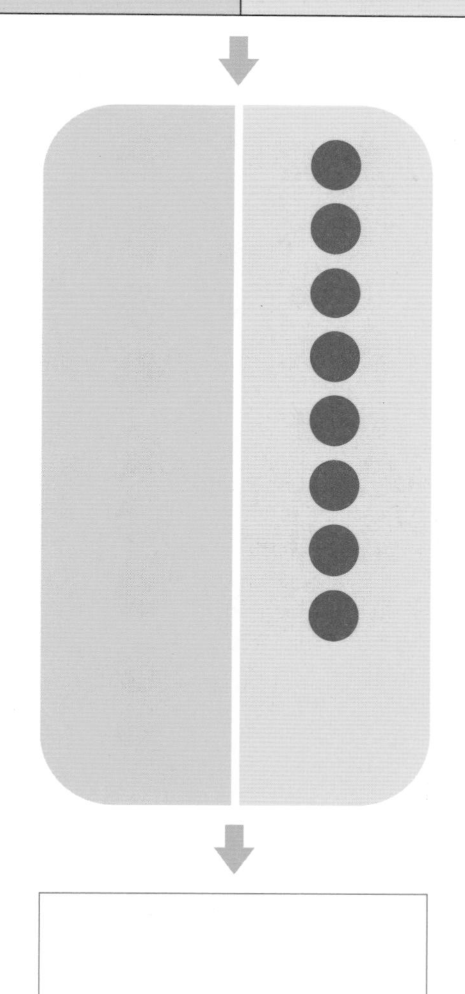

□

묶음 자리와 낱개 자리에 놓여진 그림을 보고, 어떤 수를 나타내는지 □ 안에 알맞은 수를 써 보세요.

| 묶음 자리 | 낱개 자리 |
|---|---|
| 십의 자리 | 일의 자리 |

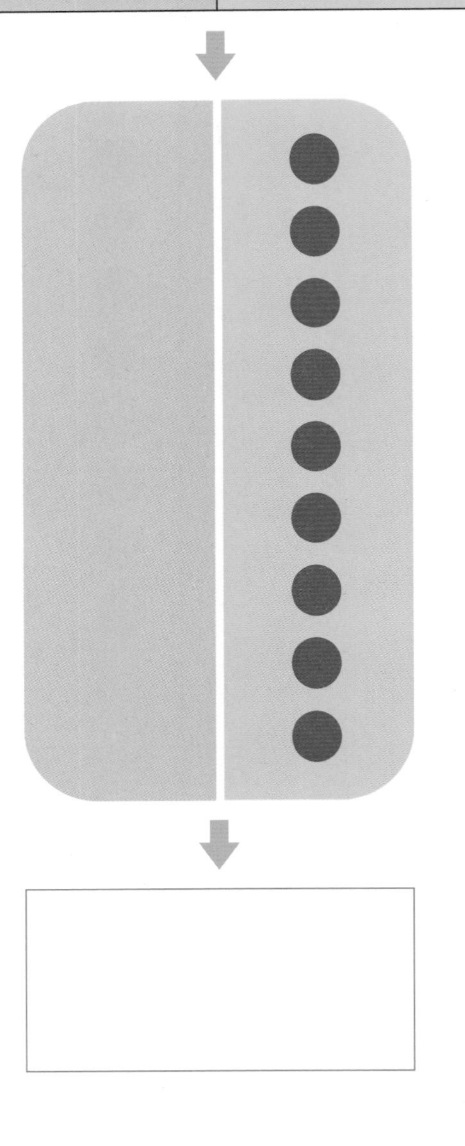

| 묶음 자리 | 낱개 자리 |
|---|---|
| 십의 자리 | 일의 자리 |

이름 :

날짜 :

확인

열 개를 ◯로 묶어 큰 그림으로 나타내고, 몇 개를 나타내는지 □ 안에 알맞은 수를 써 보세요.

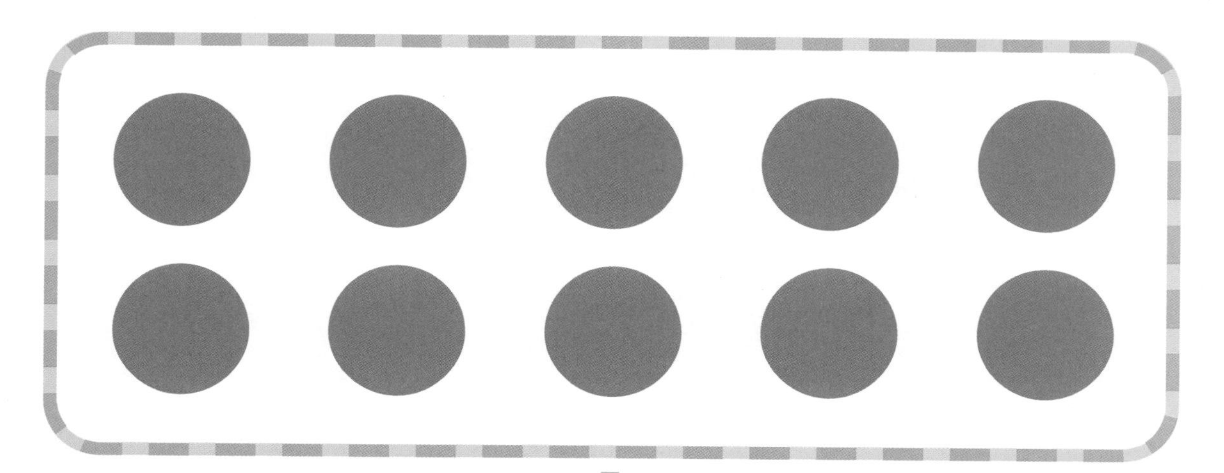

| 묶음 자리 | 낱개 자리 |
| --- | --- |
| 십의 자리 | 일의 자리 |
|  |  |

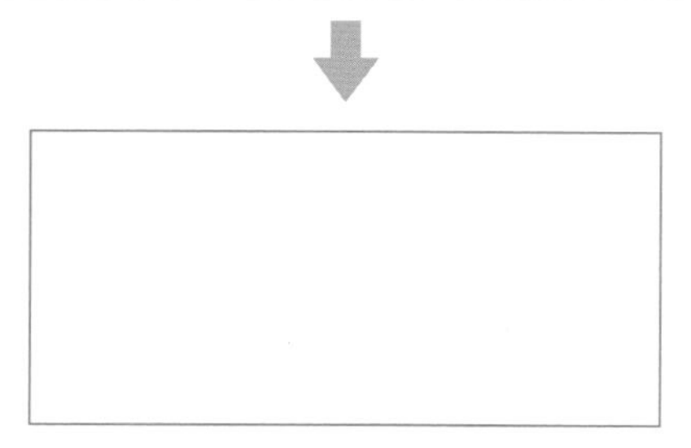

열 개를 ◯로 묶어 큰 그림으로 나타내고, 몇 개를 나타내는지 □ 안에 알맞은 수를 써 보세요.

| 묶음 자리 | 낱개 자리 |
| --- | --- |
| 십의 자리 | 일의 자리 |
| | |

이름 :

날짜 :

확인

묶음 자리(십의 자리)의 ● 한 개는 낱개 몇 개와 같은지 그 수만큼 ○를 그려 보세요.

| 묶음 자리 | 낱개 자리 |
|---|---|
| 십의 자리 | 일의 자리 |
| ● | |

묶음 자리(십의 자리)의 ▲ 한 개는 낱개 몇 개와 같은지 그 수만큼 △를 그려 보세요.

| 묶음 자리 | 낱개 자리 |
| --- | --- |
| 십의 자리 | 일의 자리 |
| ▲ | |

이름 :

날짜 :

확인

[ 10의 크기 알아보기 ]

상자의 수를 세어 보고, 각 ◯ 안에 알맞은 수를 써 보세요.

달걀판에 들어 있는 달걀의 수를 세어 보고, 각 ◯ 안에 알맞은 수를 써 보세요.

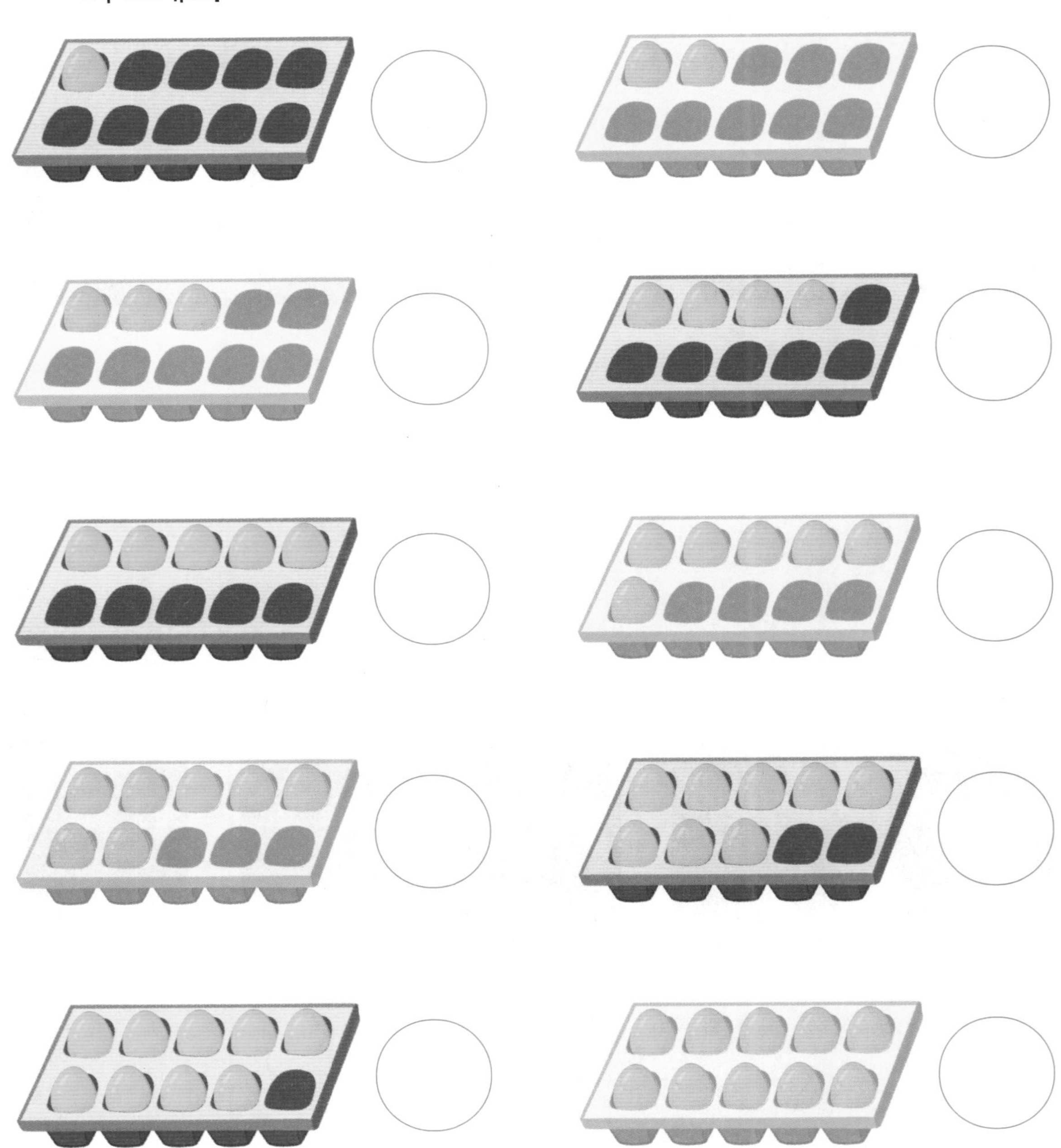

이름 :

날짜 :

확인

접힌 손가락을 세어 보고, 각 ◯ 안에 알맞은 수를 써 보세요.

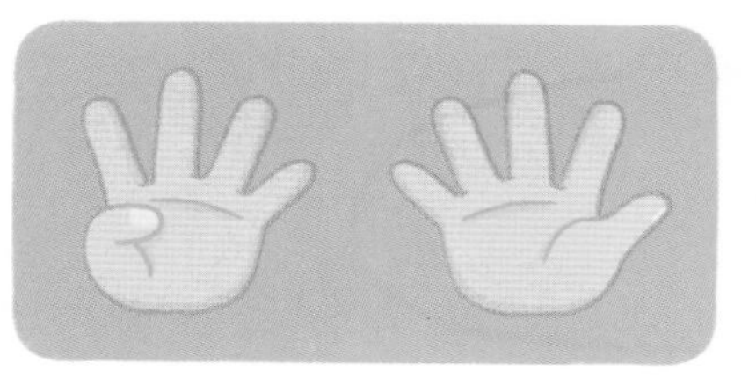

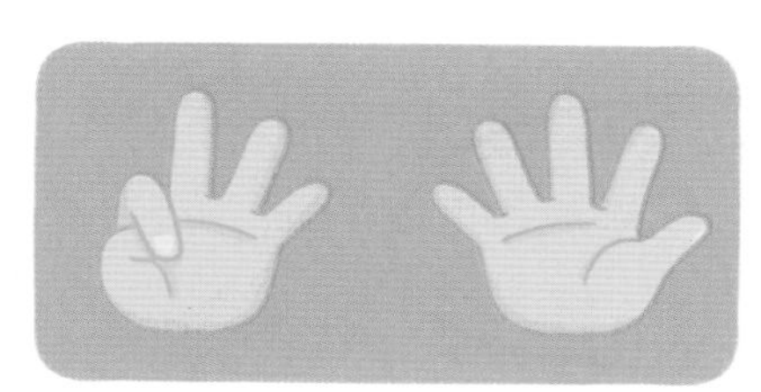

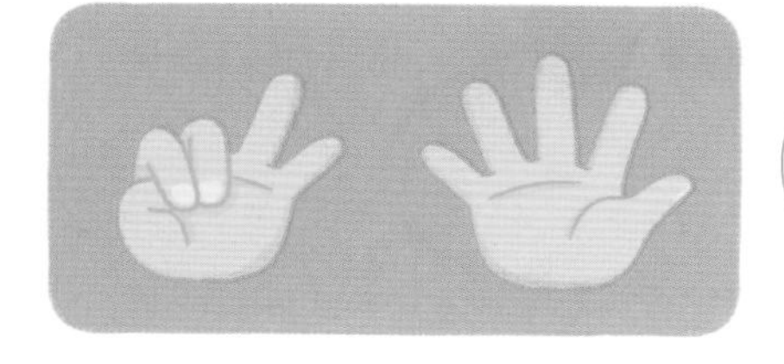

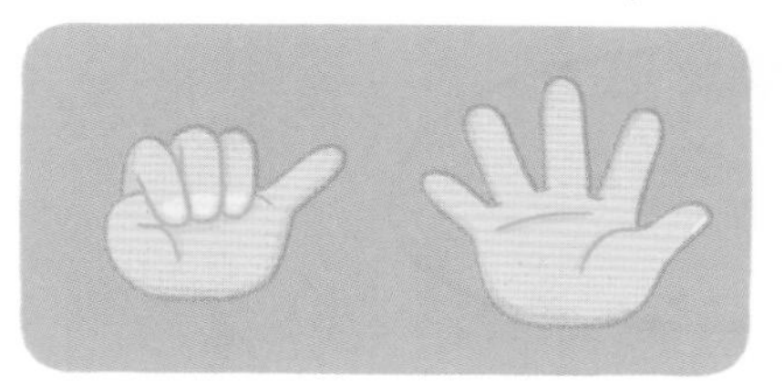

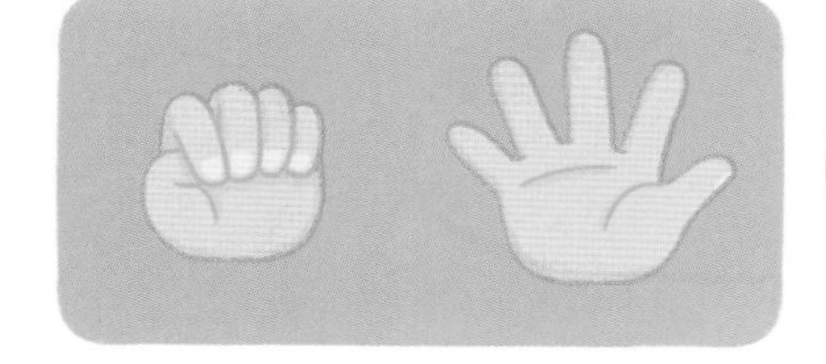

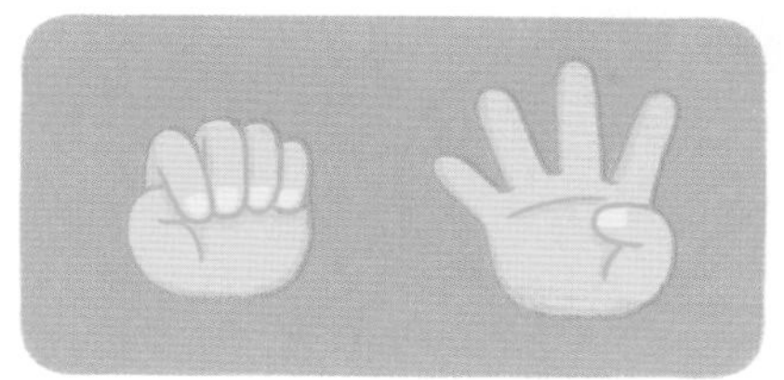

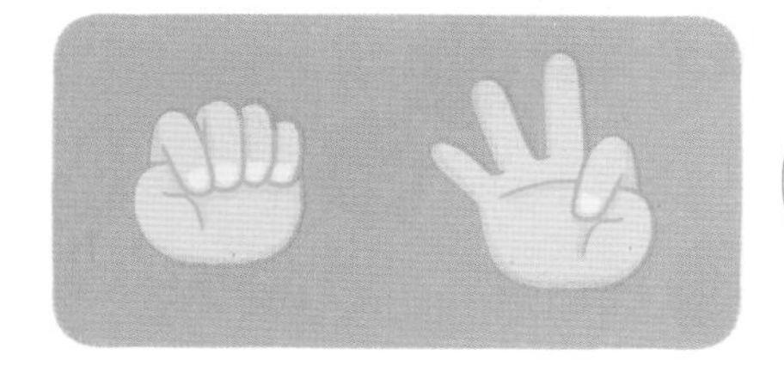

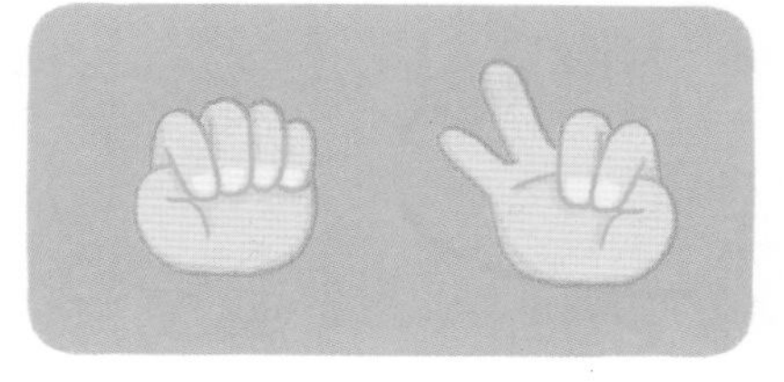

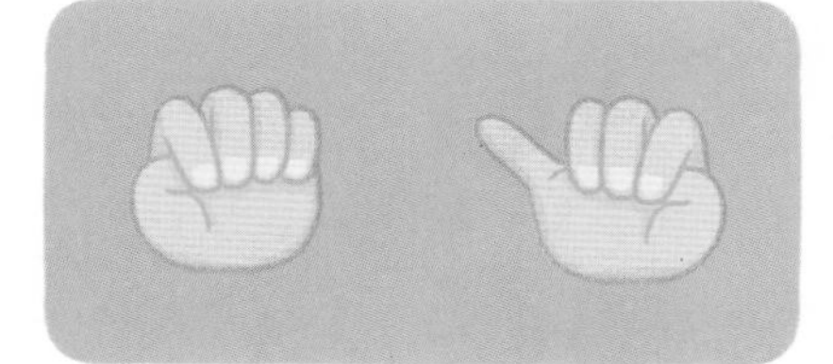

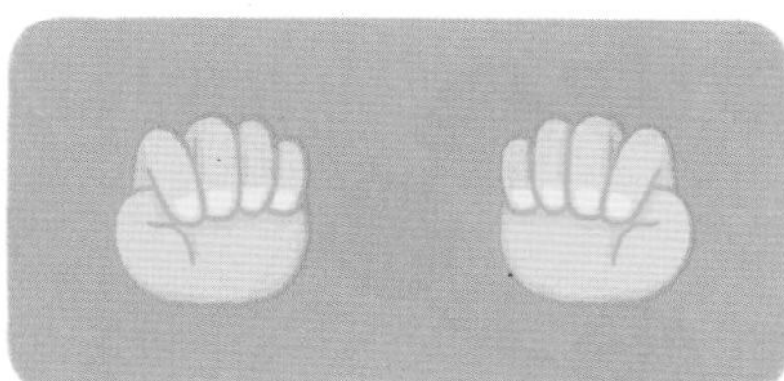

구슬의 수를 세어 보고, 각 ◯ 안에 알맞은 수를 써 보세요.

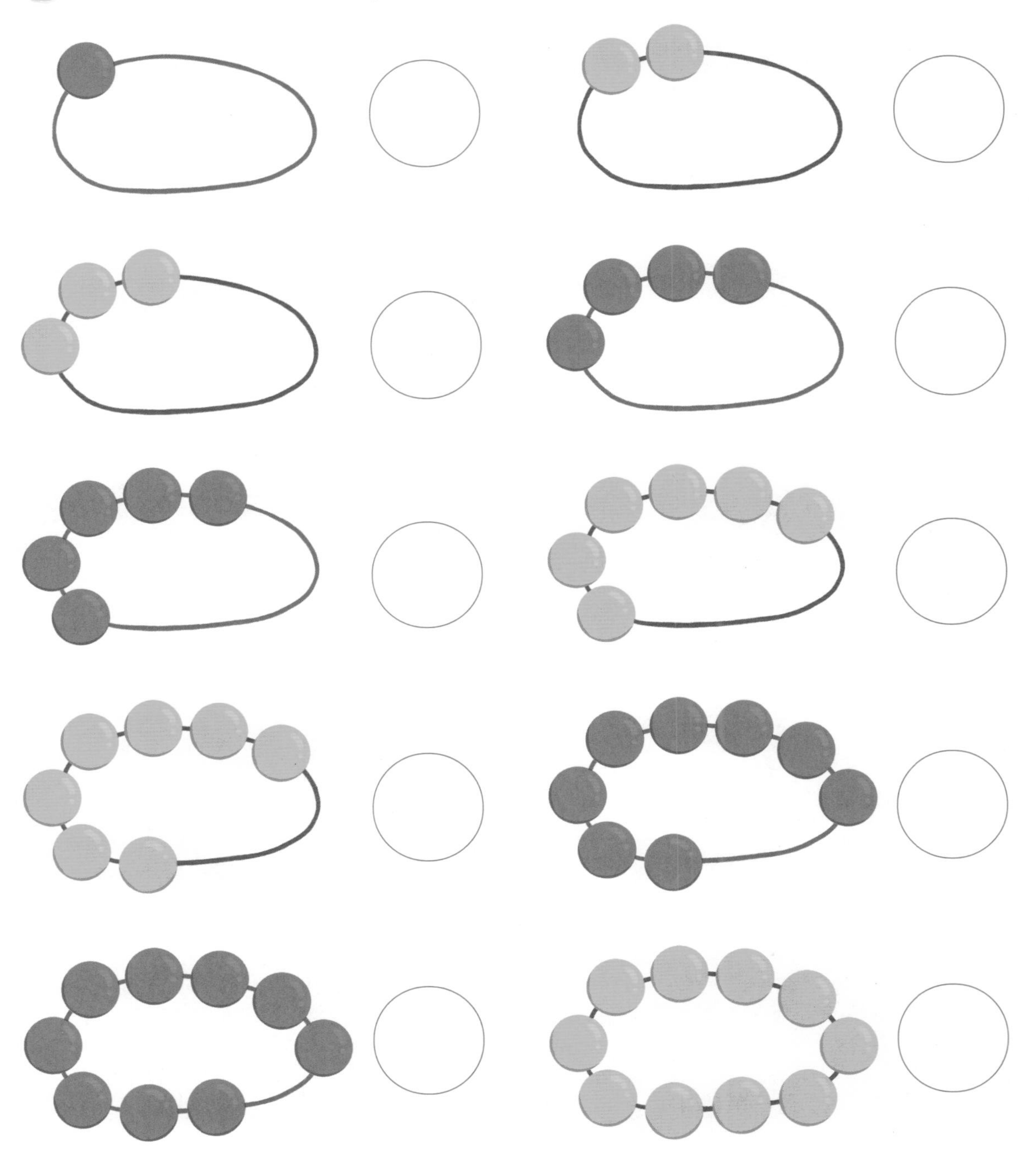

이름 :

날짜 :

확인

다음 내용을 읽어 보고, 각 □ 안에 알맞은 수를 써 보세요.

10 은

| | | | |
|---|---|---|---|
| 9 | 보다 | □ | 큽니다. |
| 8 | 보다 | □ | 큽니다. |
| 7 | 보다 | □ | 큽니다. |
| 6 | 보다 | □ | 큽니다. |
| 5 | 보다 | □ | 큽니다. |
| 4 | 보다 | □ | 큽니다. |
| 3 | 보다 | □ | 큽니다. |
| 2 | 보다 | □ | 큽니다. |
| 1 | 보다 | □ | 큽니다. |

다음 내용을 읽어 보고, 각 □ 안에 알맞은 수를 써 보세요.

10 은

| | | | |
|---|---|---|---|
| 4 | 보다 | □ | 큽니다. |
| 7 | 보다 | □ | 큽니다. |
| 2 | 보다 | □ | 큽니다. |
| 5 | 보다 | □ | 큽니다. |
| 9 | 보다 | □ | 큽니다. |
| 1 | 보다 | □ | 큽니다. |
| 8 | 보다 | □ | 큽니다. |
| 6 | 보다 | □ | 큽니다. |
| 3 | 보다 | □ | 큽니다. |

이름 :

날짜 :

확인

[ 더하여 10이 되는 수 알아보기 ]

다음 그림이 10개가 되려면 몇 개가 더 있어야 하는지 빈칸에 ○를 그려 보고, □ 안에 알맞은 수를 써 보세요.

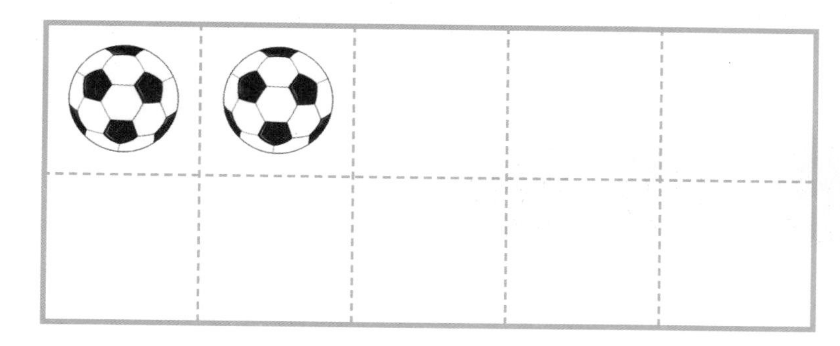

2 + □

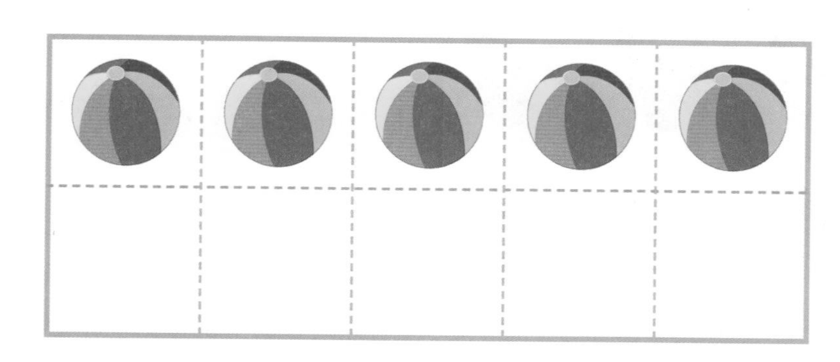

5 + □

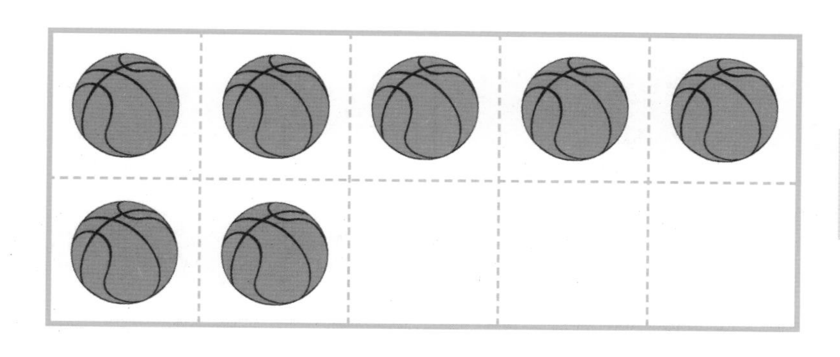

7 + □

다음 그림이 10개가 되려면 몇 개가 더 있어야 하는지 빈칸에 ◯를 그려 보고, □ 안에 알맞은 수를 써 보세요.

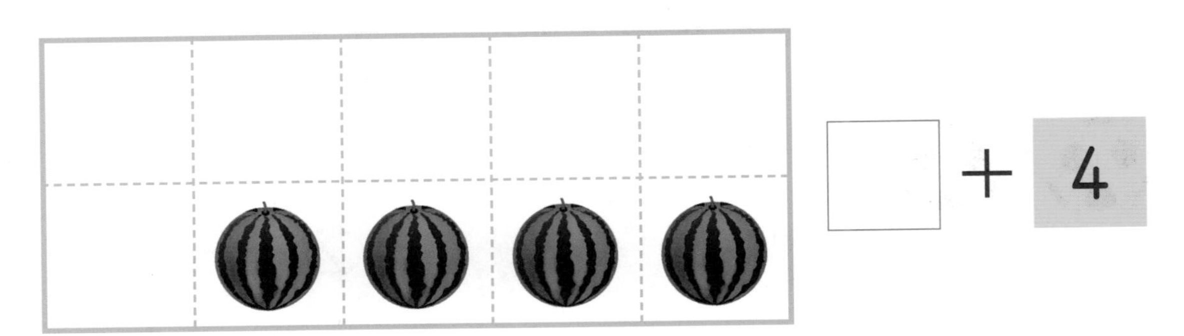

□ + 4

□ + 9

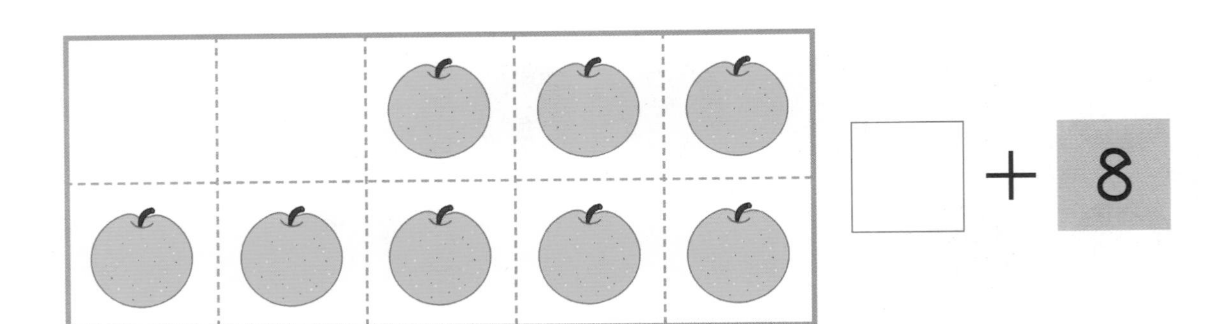

□ + 8

이름 :

날짜 :

확인

두 수를 더하여 10이 되도록 □ 안에 알맞은 수를 써 보세요.

4 + □ = 10

□ + 1 = 10

2 + □ = 10

□ + 5 = 10

8 + □ = 10

□ + 3 = 10

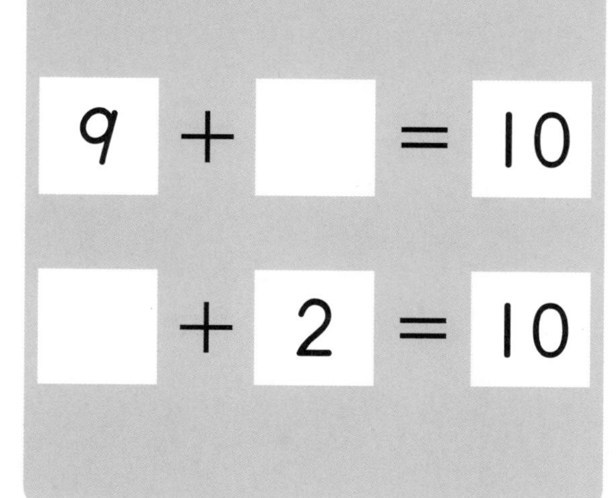

9 + □ = 10

□ + 2 = 10

두 수를 더하여 10이 되도록 □ 안에 알맞은 수를 써 보세요.

5 + □ = 10

□ + 9 = 10

7 + □ = 10

□ + 6 = 10

1 + □ = 10

□ + 4 = 10

3 + □ = 10

□ + 8 = 10

이름 :

날짜 :

확인

다음 그림의 각 칸에 있는 두 수를 더하여 10이 되도록 빈 곳에 알맞은 수를 써 보세요.

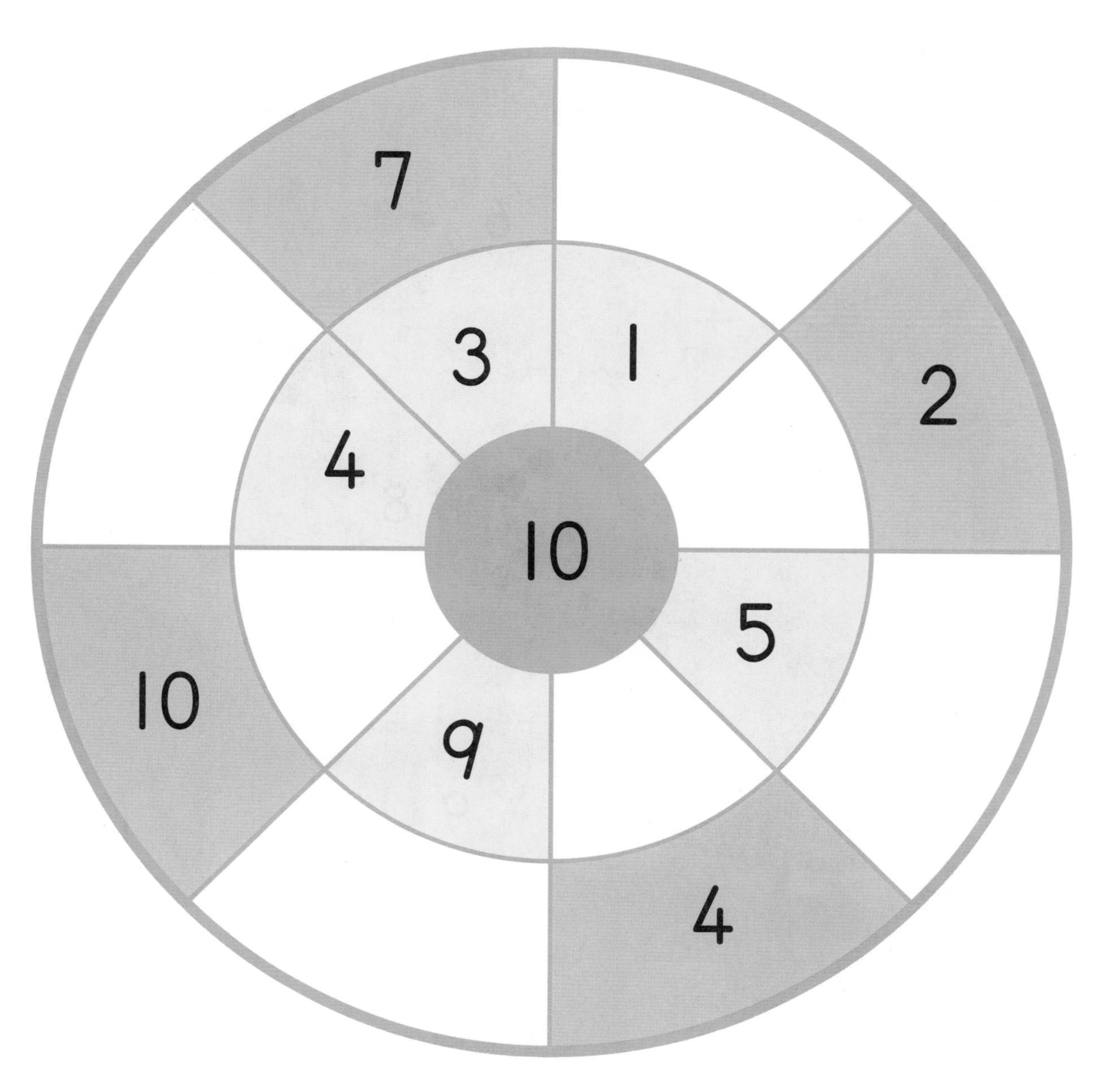

두 수를 더하여 10이 되는 깃발을 들고 있는 동물을 모두 찾아 □ 안에 ◯를 그려 보세요.

이름 :

날짜 :

확인

두 수를 더하여 10이 되도록 □ 안에 알맞은 수를 써 보세요.

$$2 + \square = 10$$

$$7 + \square = 10$$

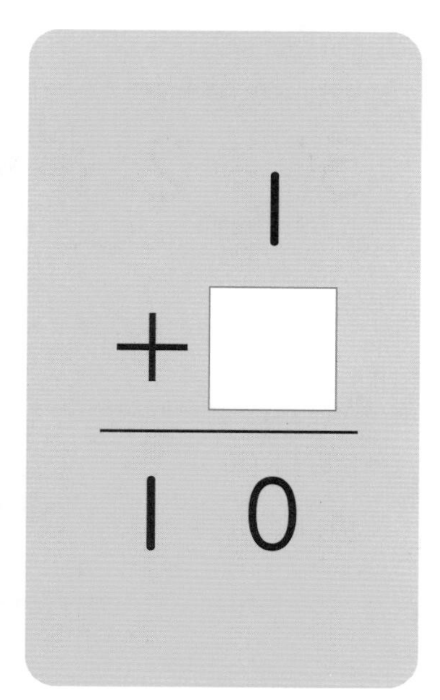


$$\square + 5 = 10$$

$$\square + 4 = 10$$

$$\square + 8 = 10$$

위와 아래에 있는 수를 더하여 10이 되도록 빈칸에 알맞은 수를 써 보세요.

| 5 | 2 | 9 | 1 | 4 | 0 | 10 |
|---|---|---|---|---|---|---|
|  |  |  |  |  |  |  |

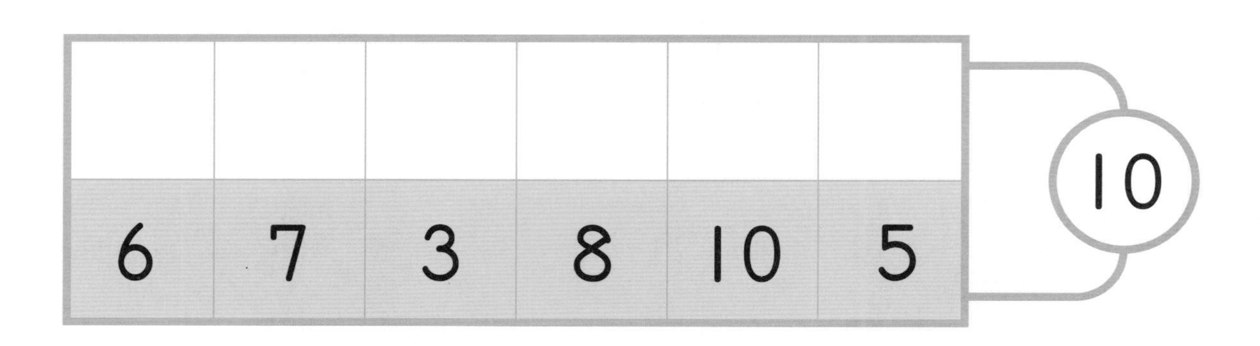

|  |  |  |  |  |  | 10 |
|---|---|---|---|---|---|---|
| 6 | 7 | 3 | 8 | 10 | 5 |  |

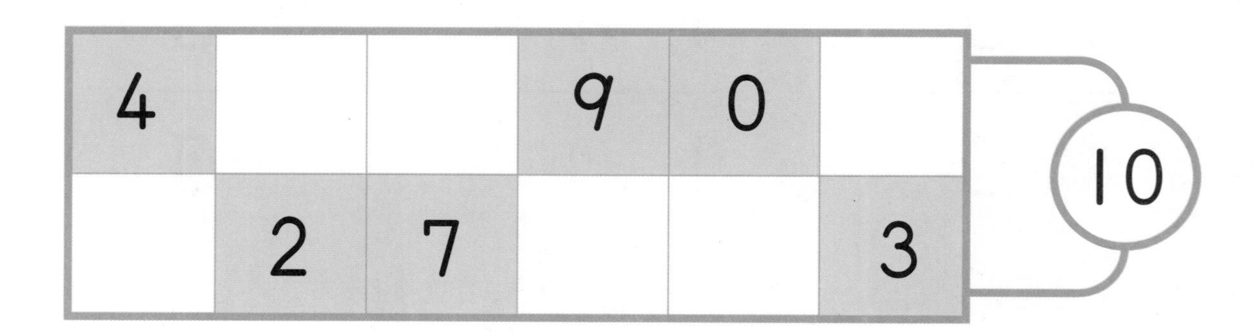

| 4 |  |  | 9 | 0 |  | 10 |
|---|---|---|---|---|---|---|
|  | 2 | 7 |  |  | 3 |  |

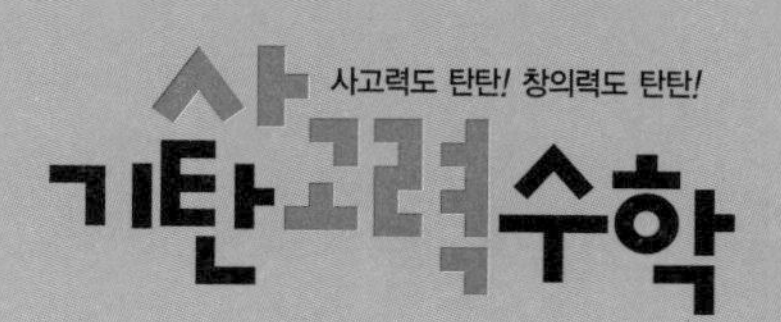


# C4

## C226a ~ C240b

**학습 내용**

| 스물까지 세어 보기 | • 열다섯까지 세어 보기<br>• 스물까지 세어 보기 |
|---|---|

**이번 주는?**

- 학습 방법 : ① 매일매일 ② 가끔 ③ 한꺼번에 하였습니다.
- 학습 태도 : ① 스스로 잘 ② 시켜서 억지로 하였습니다.
- 학습 흥미 : ① 재미있게 ② 싫증 내며 하였습니다.
- 교재 내용 : ① 적합하다고 ② 어렵다고 ③ 쉽다고 하였습니다.

**지도 교사가 부모님께**

**부모님이 지도 교사께**

**평가** Ⓐ 아주 잘함 Ⓑ 잘함 Ⓒ 보통 Ⓓ 부족함

원(교) 반 이름 전화

기초부터 탄탄하게 기탄교육

# 이렇게 도와주세요!

**스물까지 세어 보기**

수 세기 활동은 어린이에게 다양한 규칙성을 발견할 수 있게 하는데, '열' 이후의 수 세기를 통해서 규칙성을 분명하게 이해하도록 합니다.
'열+하나', '열+둘', '열+셋', ……의 규칙성을 발견하게 함으로써 수 세기 활동을 보다 효과적으로 진행할 수 있습니다.
수 세기 활동은 앞으로 세기뿐 아니라 거꾸로 세기도 포함하여야 합니다. 앞으로 수 세기는 덧셈의 발달에, 거꾸로 수 세기는 뺄셈의 발달에 도움을 주게 되고 더 나아가 뛰어세기는 곱셈과 나눗셈에 대한 준비 학습이 됩니다.

**지도 내용**

- 하나에서 스물까지 수를 셀 수 있도록 합니다.
- 수 세기의 규칙성을 발견하고 이해하도록 합니다.

**지도 요점**

어린이의 수 세기 활동은 수 개념 발달의 중요한 구성 요소이므로, 이해한 것을 잘 익히도록 합니다.

이름 :

날짜 :

확인

[ 열다섯까지 세어 보기 ]

 의 수만큼 아래 빈칸에 ◯를 그려 보세요.

물고기의 수만큼 아래 빈칸에 ◯를 그려 보세요.

| | | | | | | | | | |
|---|---|---|---|---|---|---|---|---|---|
| | | | | | | | | | |

이름 :

날짜 :

확인

호박의 수만큼 아래 빈칸에 ◯를 그려 보세요.

| | | | | | | | | | |
|---|---|---|---|---|---|---|---|---|---|
| | | | | | | | | | |
| | | | | | | | | | |

오리의 수만큼 아래 빈칸에 ◯를 그려 보세요.

| | | | | | | | | | |
|---|---|---|---|---|---|---|---|---|---|
| | | | | | | | | | |

이름 :

날짜 :

확인

다음 그림의 귤의 수를 어떻게 세었는지 알아보고, 아래 빈칸에 써 보세요.

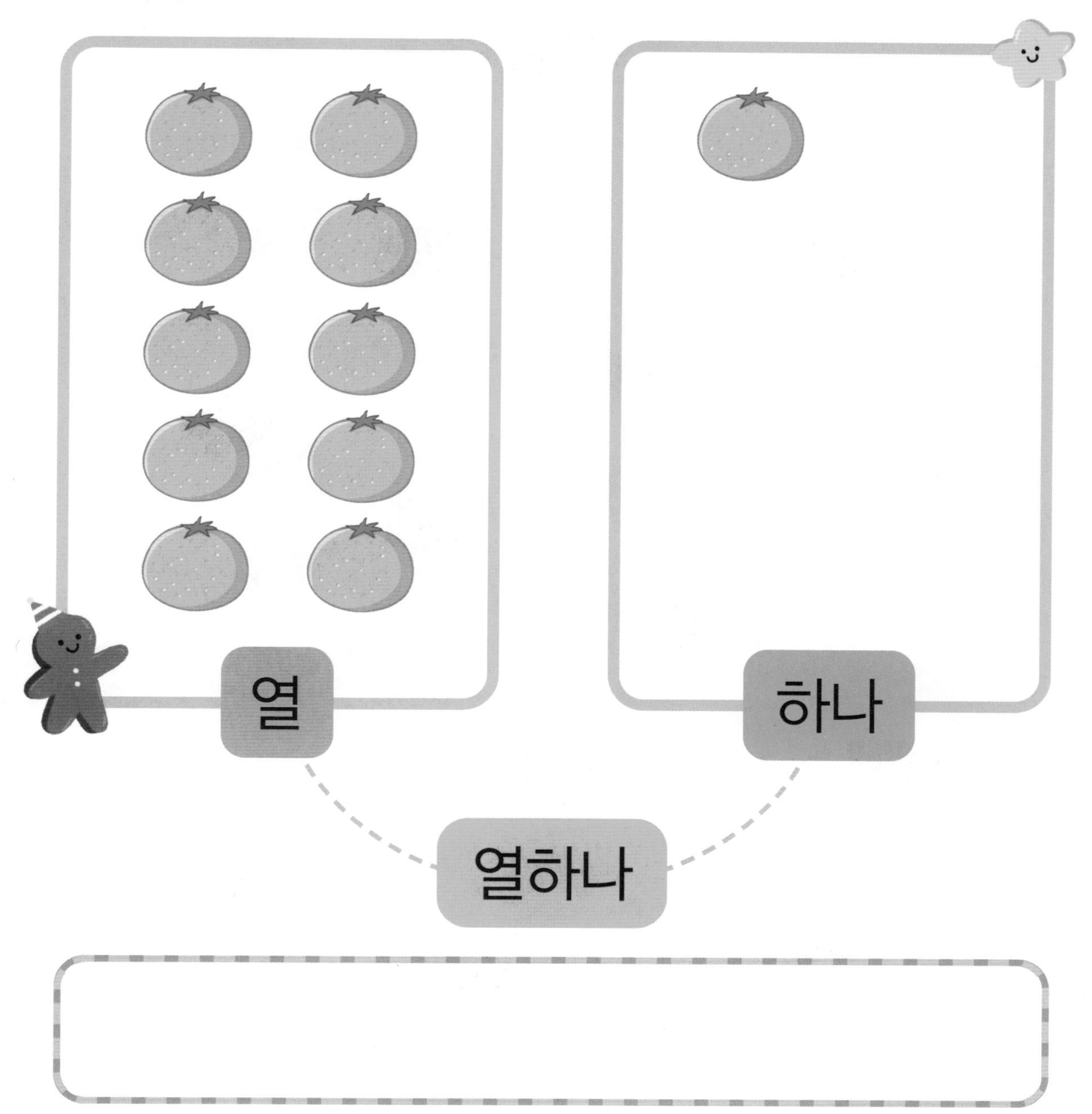

다음에 주어진 수만큼 물고기를 ◯로 묶어 보세요.

열하나

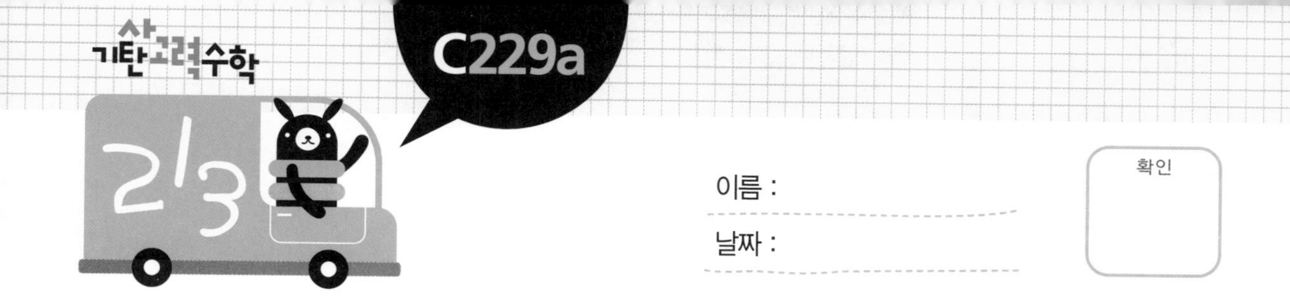


이름 :

날짜 :

확인

다음 그림의 양파 수를 세어 아래 빈칸에 써 보세요.

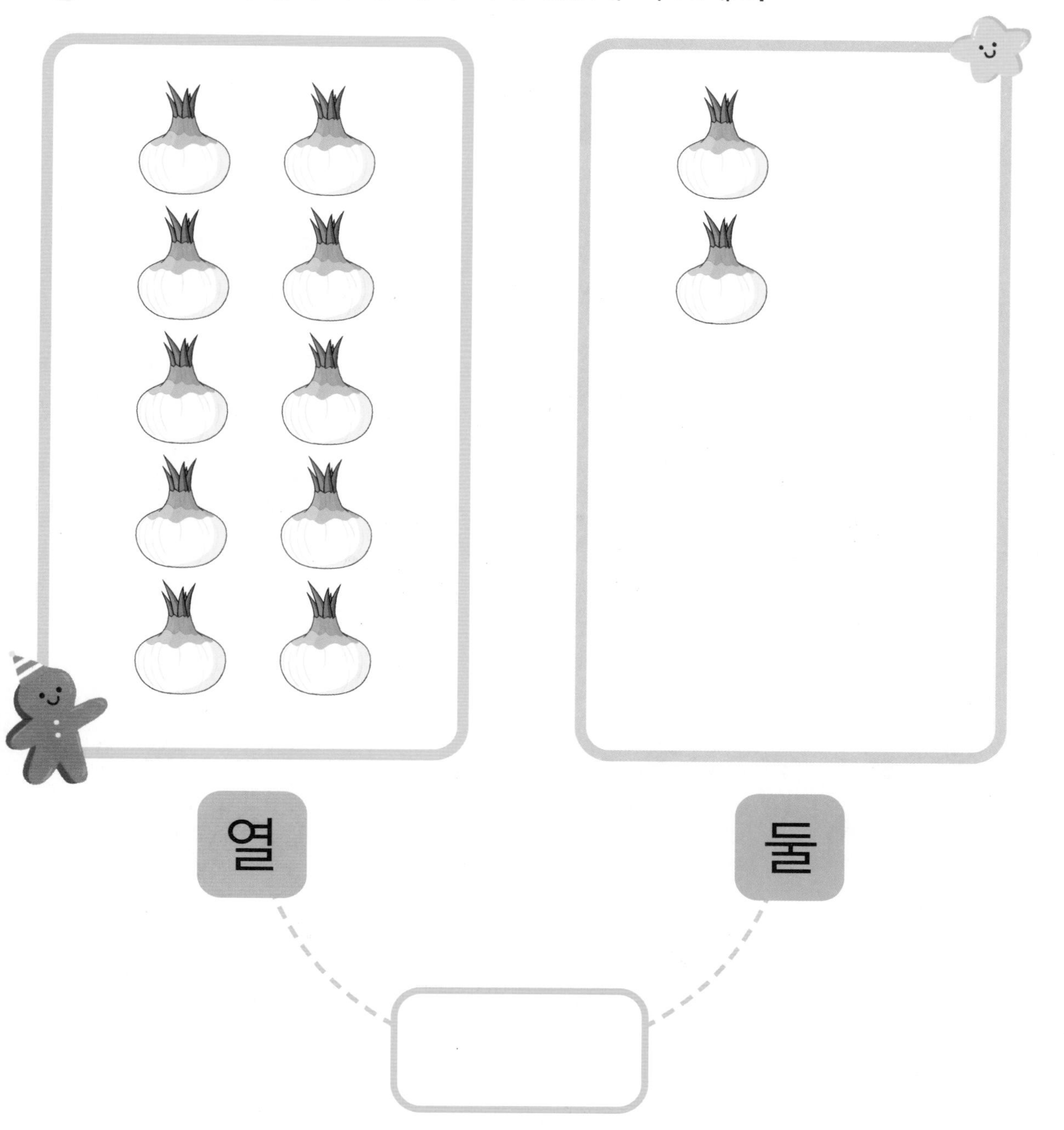

다음에 주어진 수만큼 잠자리를 ◯로 묶어 보세요.

열둘

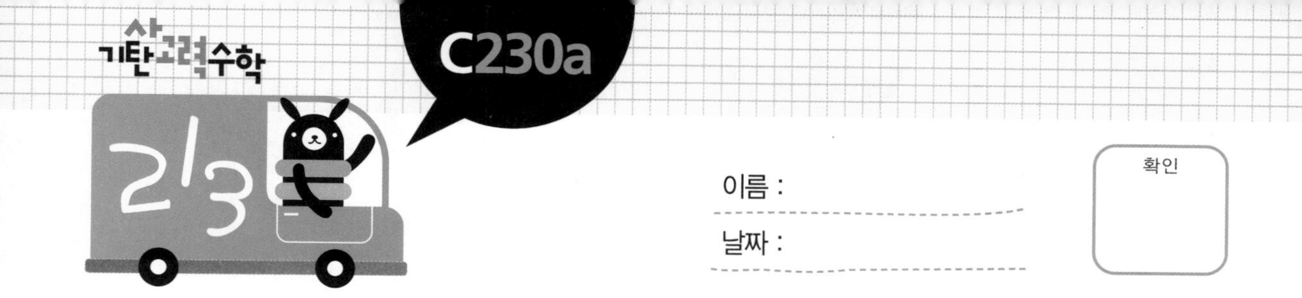


이름 :

날짜 :

확인

다음 그림의 배의 수를 세어 아래 빈칸에 써 보세요.

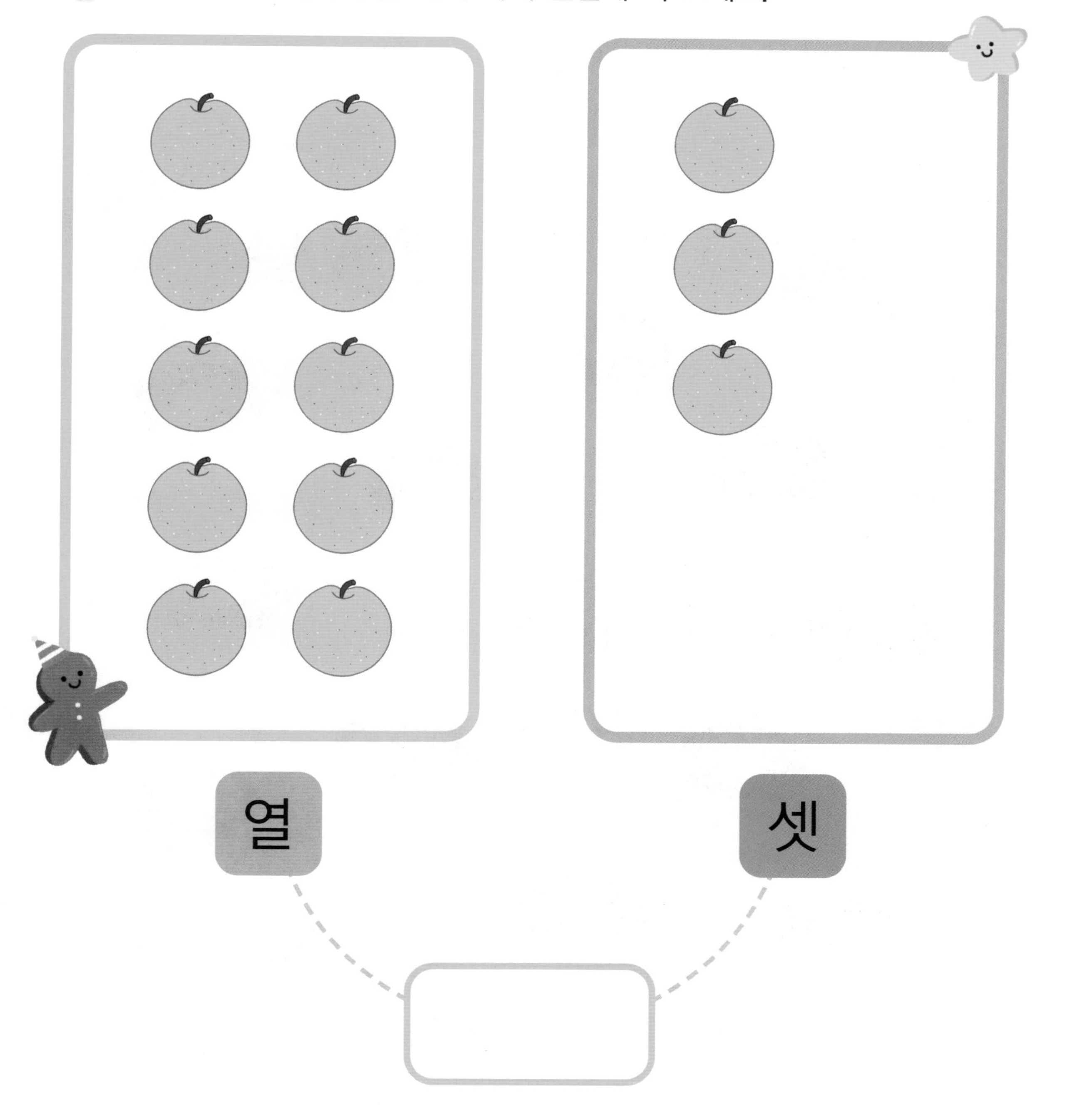

다음에 주어진 수만큼 도넛을 ◯로 묶어 보세요.

열셋

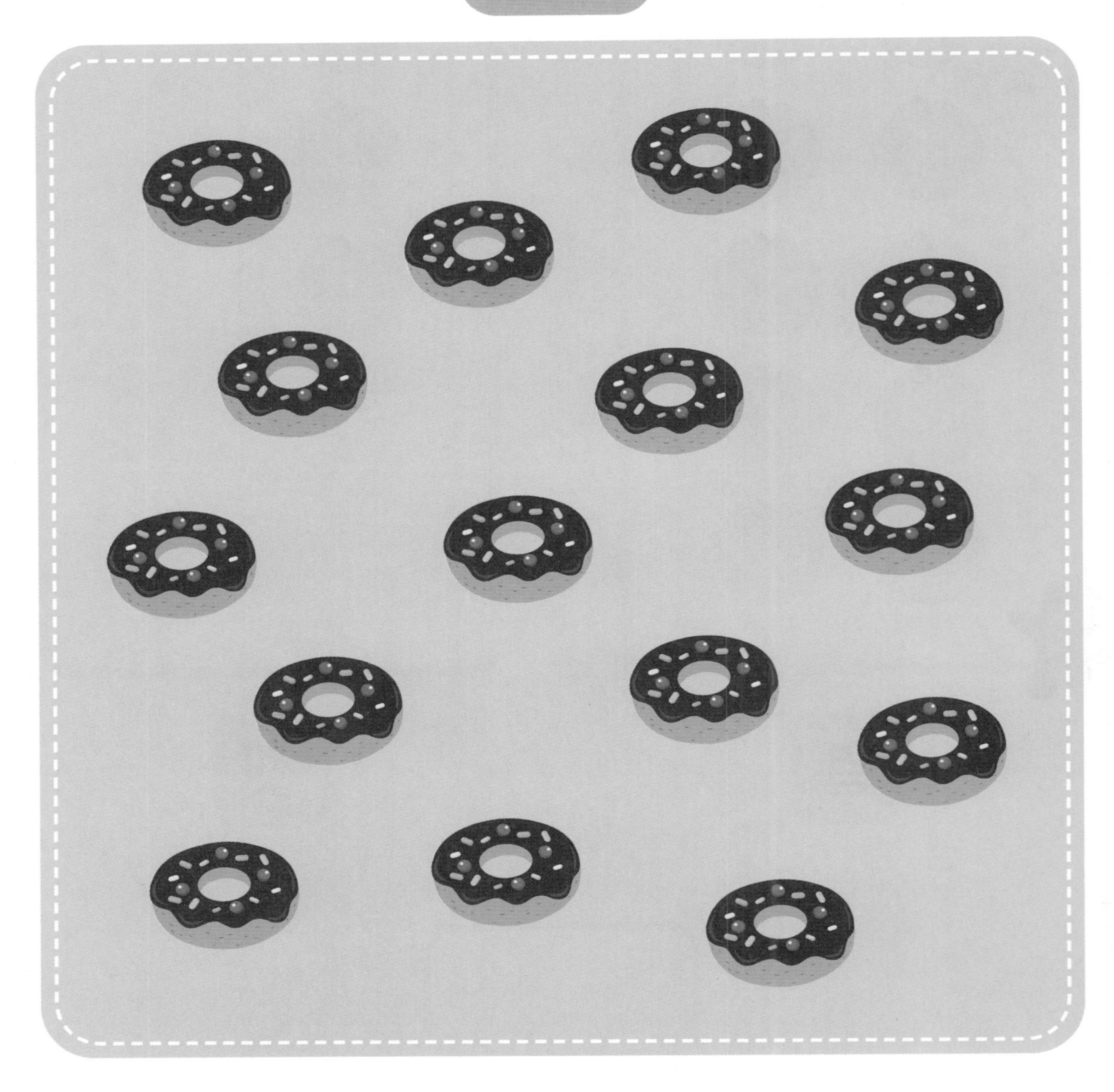

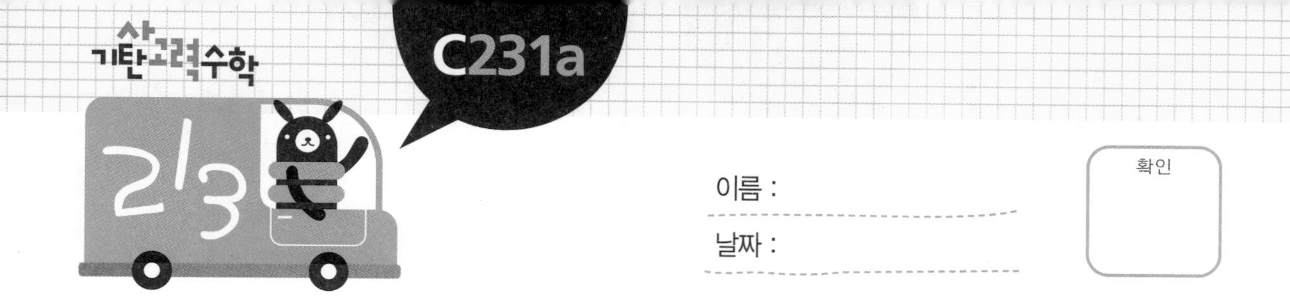


이름 :

날짜 :

확인

다음 그림의 버섯 수를 세어 아래 빈칸에 써 보세요.

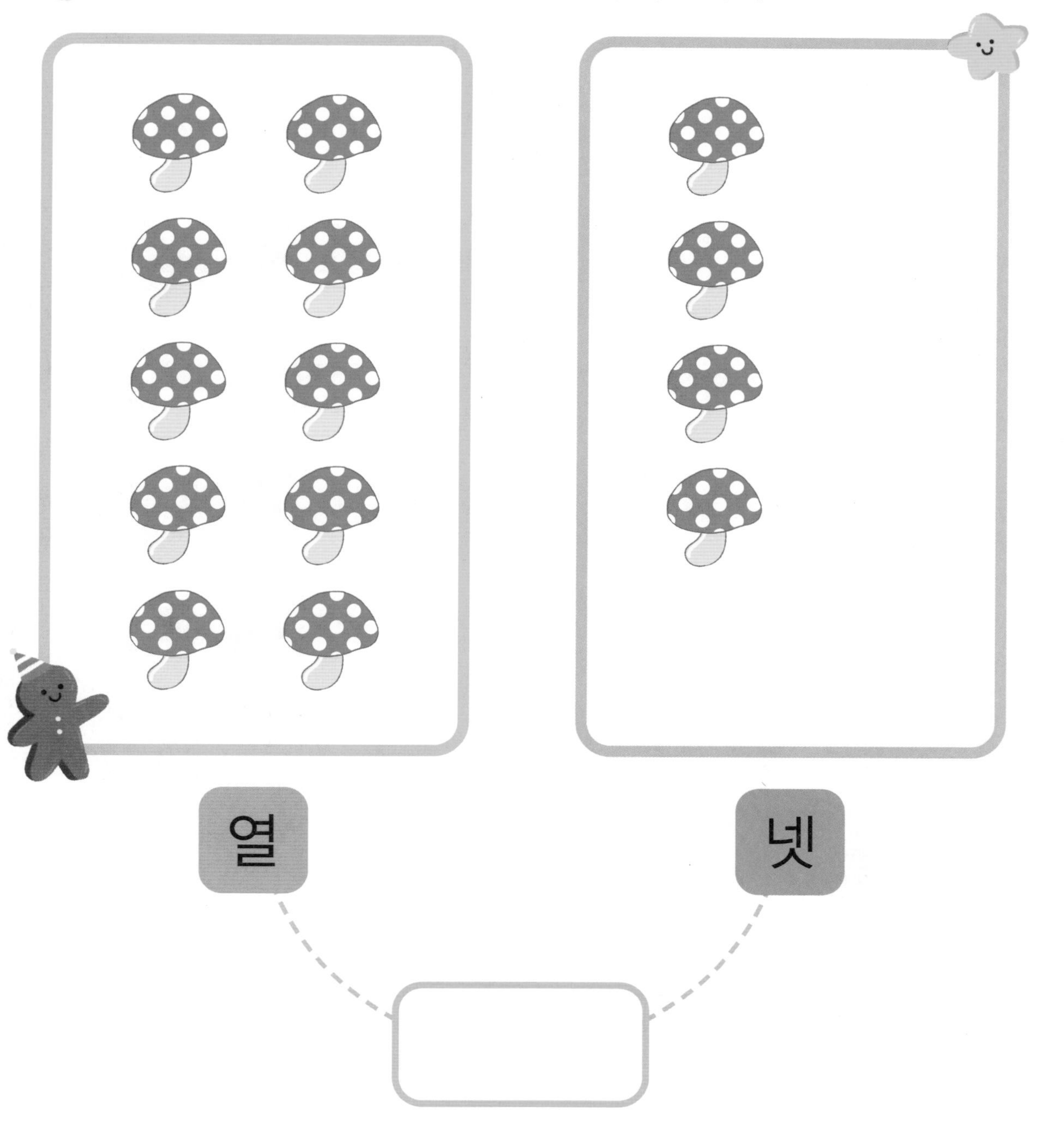

다음에 주어진 수만큼 아이스크림을 ◯ 로 묶어 보세요.

열넷

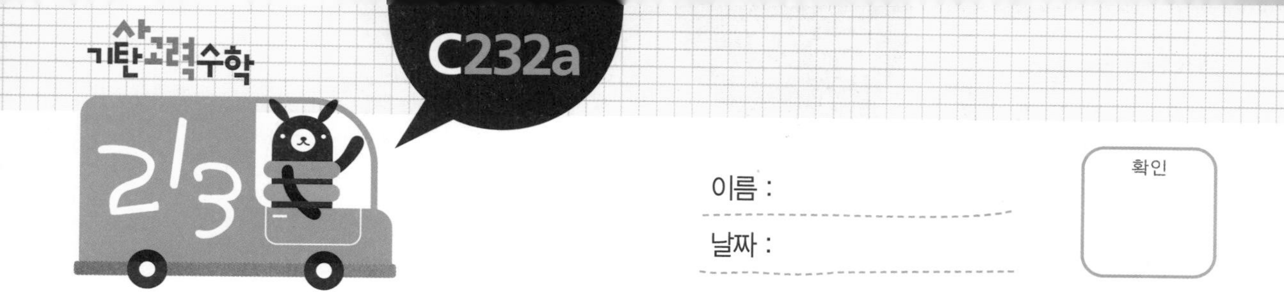




이름 :

날짜 :

확인

다음 그림의 과자 수를 세어 아래 빈칸에 써 보세요.

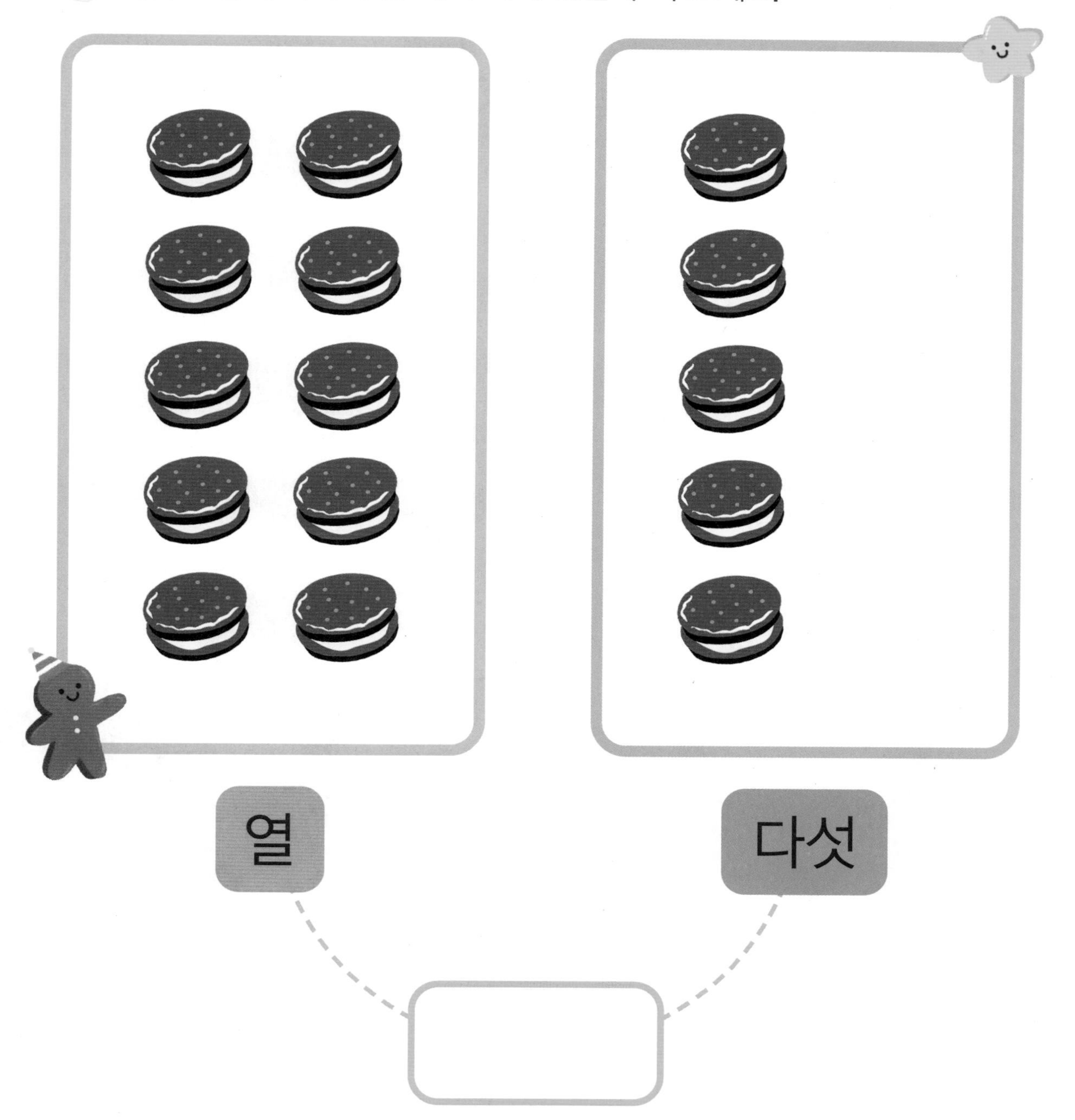

다음에 주어진 수만큼 해바라기를 ◯로 묶어 보세요.

## 열다섯

이름 :

날짜 :

확인

왼쪽 그림의 꽃의 수를 바르게 나타낸 것끼리 선으로 이어 보세요.

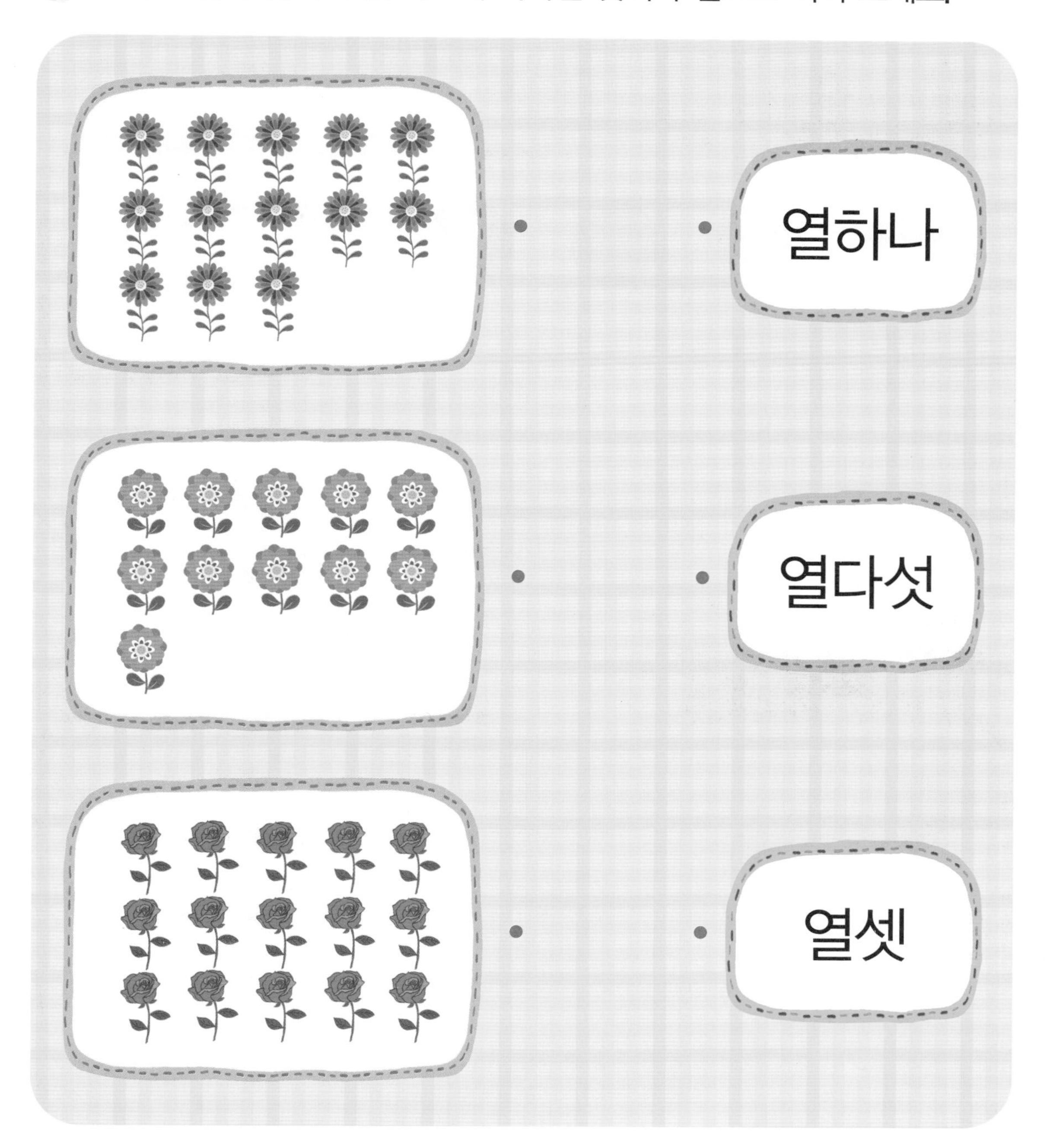

다음에 주어진 수가 되도록 빈 곳에 ◯를 더 그려 보세요.

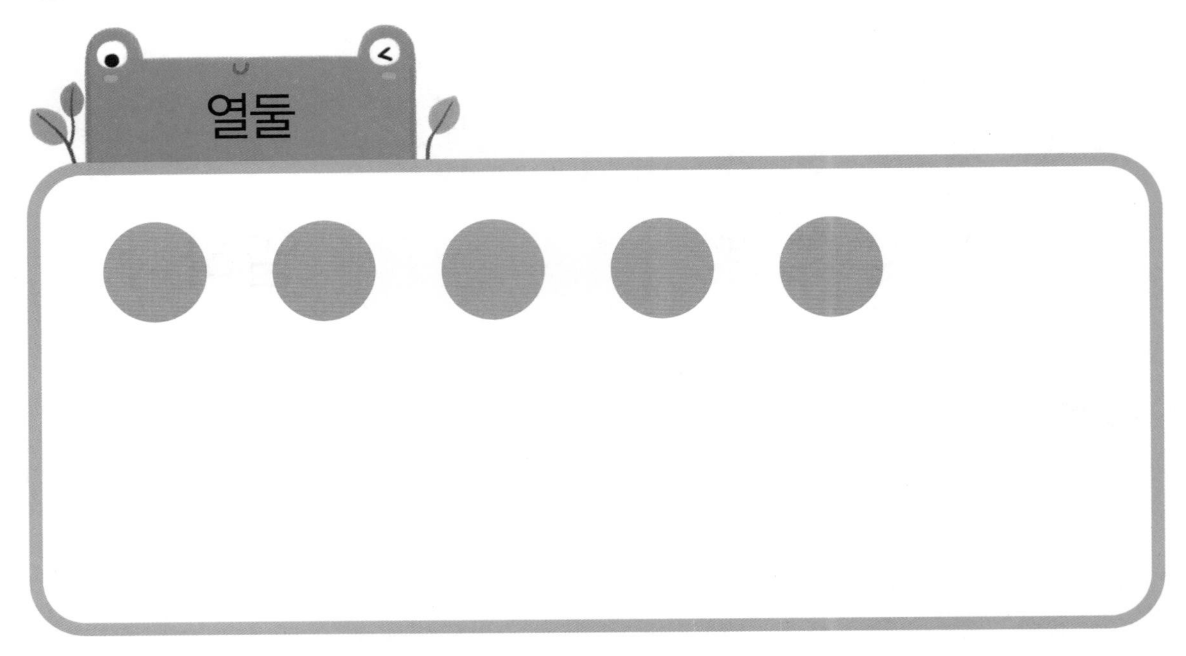


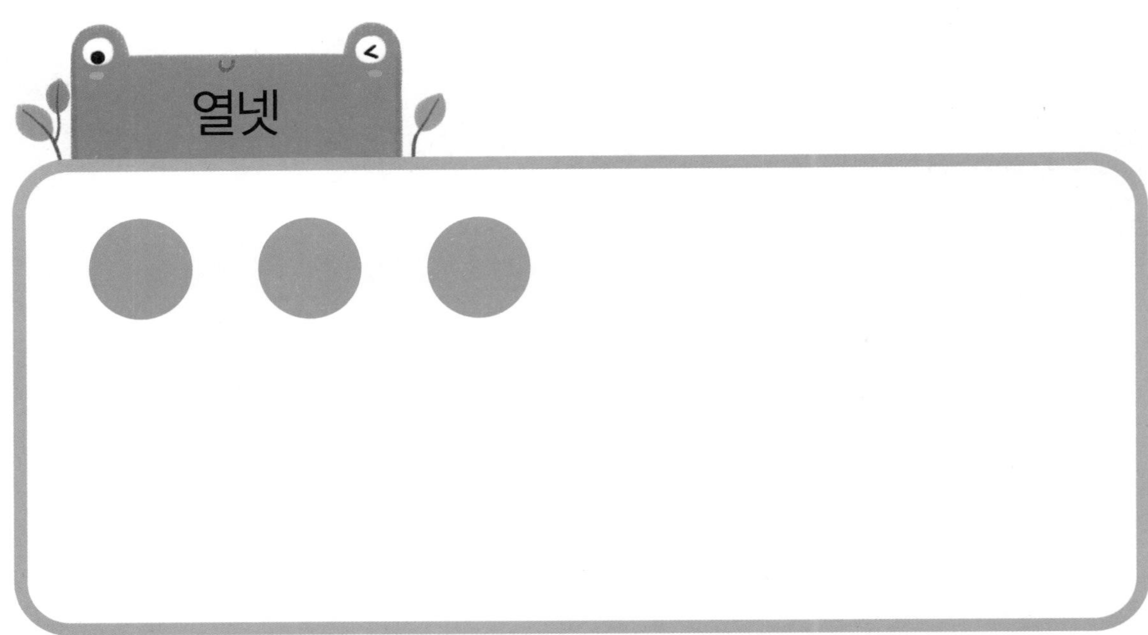

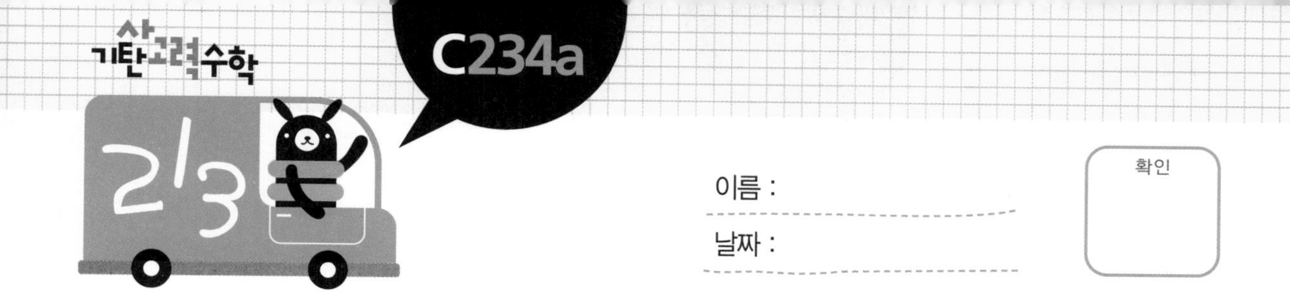


[ 스물까지 세어 보기 ]

다음 그림의 꽃의 수를 세어 아래 빈칸에 써 보세요.

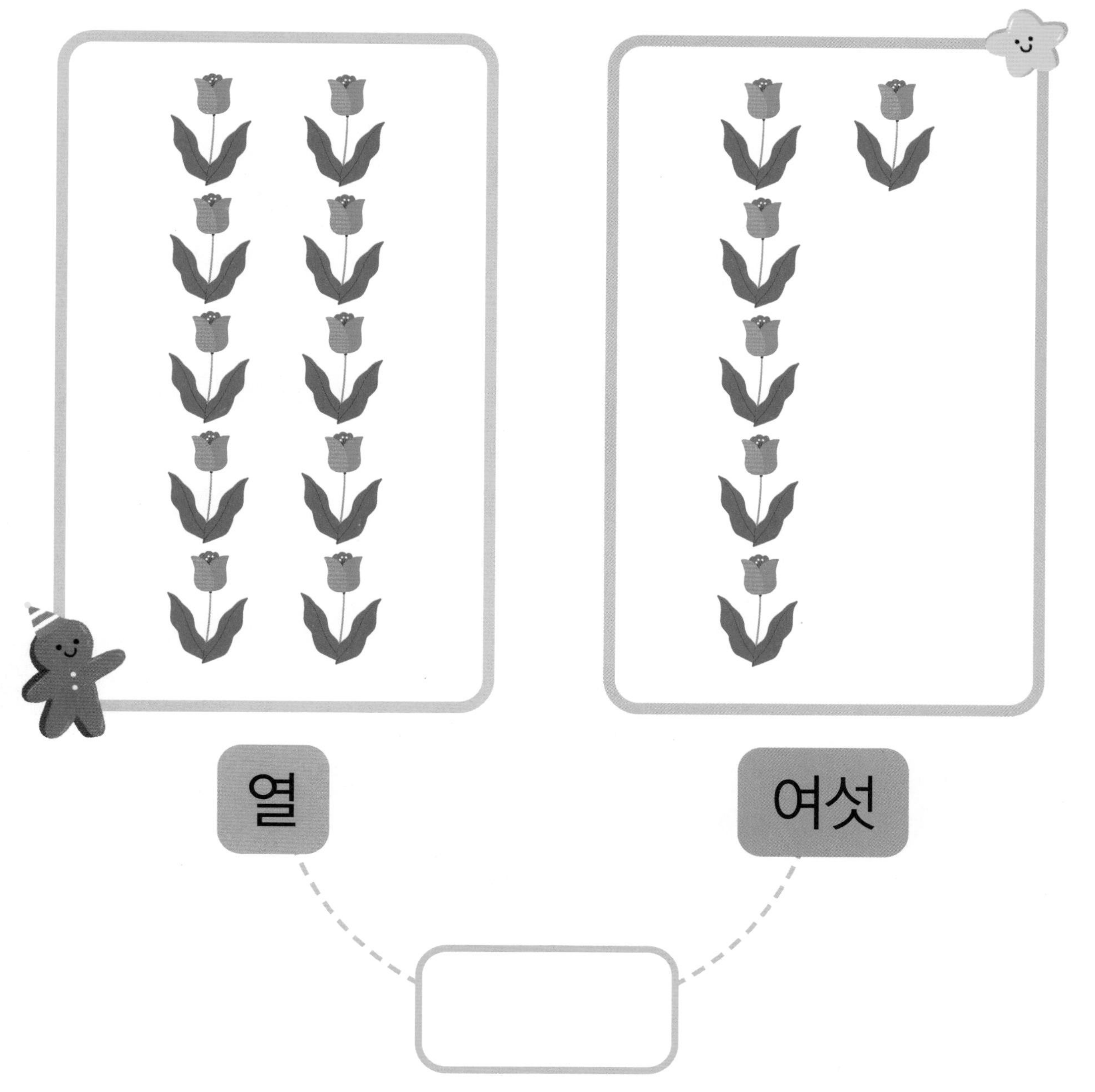

다음에 주어진 수만큼 나비를 ◯로 묶어 보세요.

열여섯

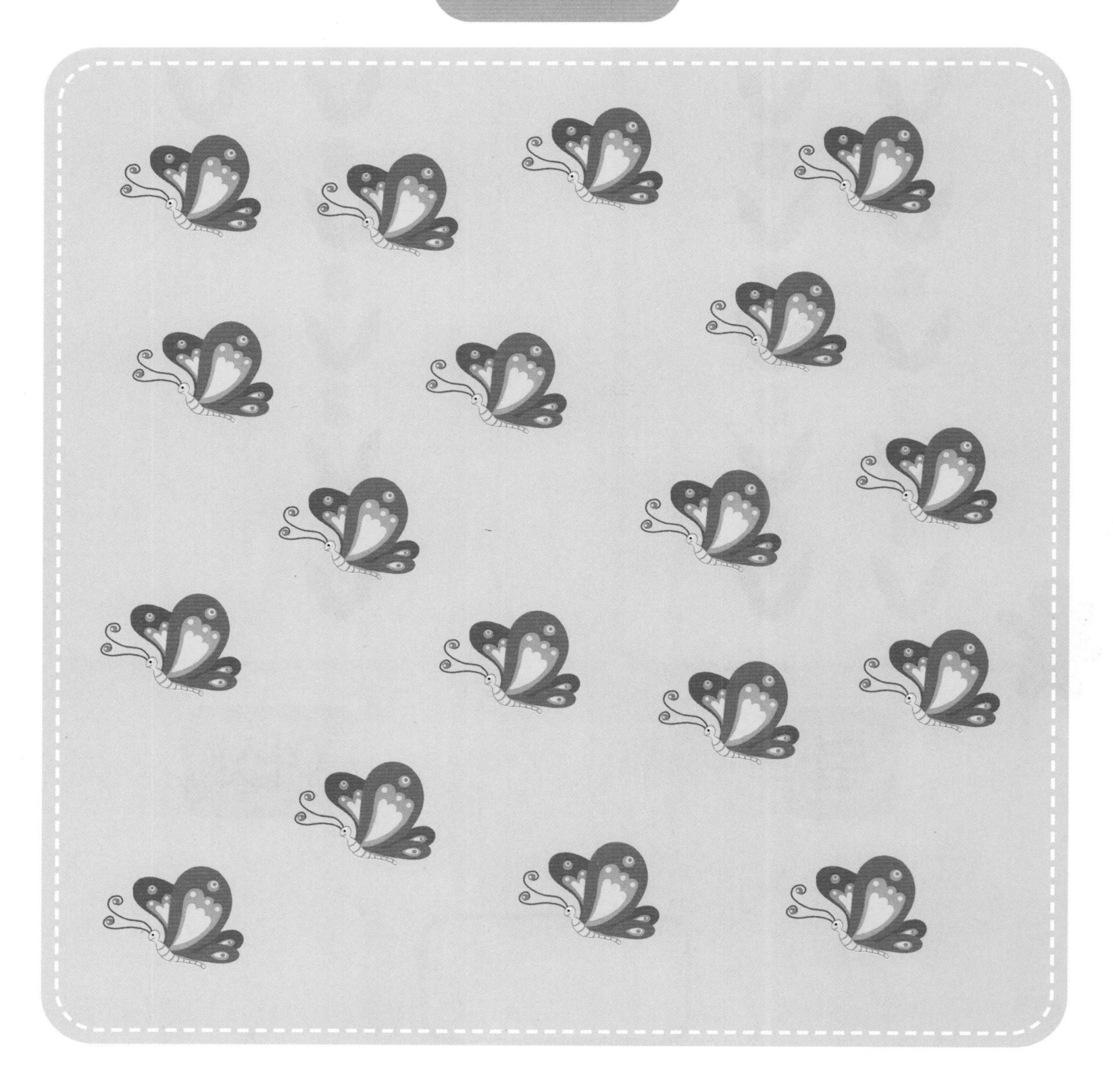

이름 :

날짜 :

확인

다음 그림의 파프리카 수를 세어 아래 빈칸에 써 보세요.

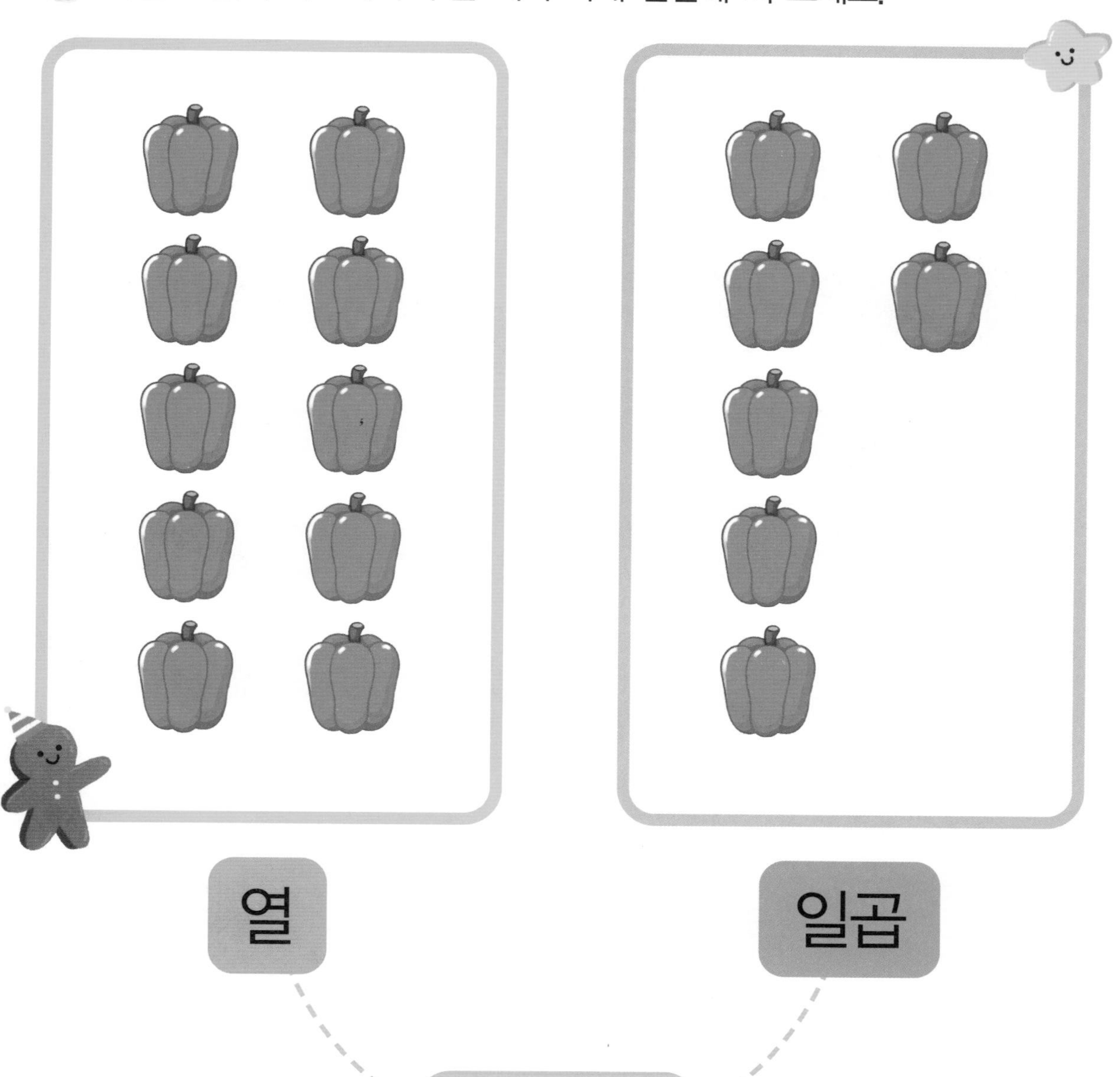

열

일곱

다음에 주어진 수만큼 사탕을 ◯로 묶어 보세요.

열일곱

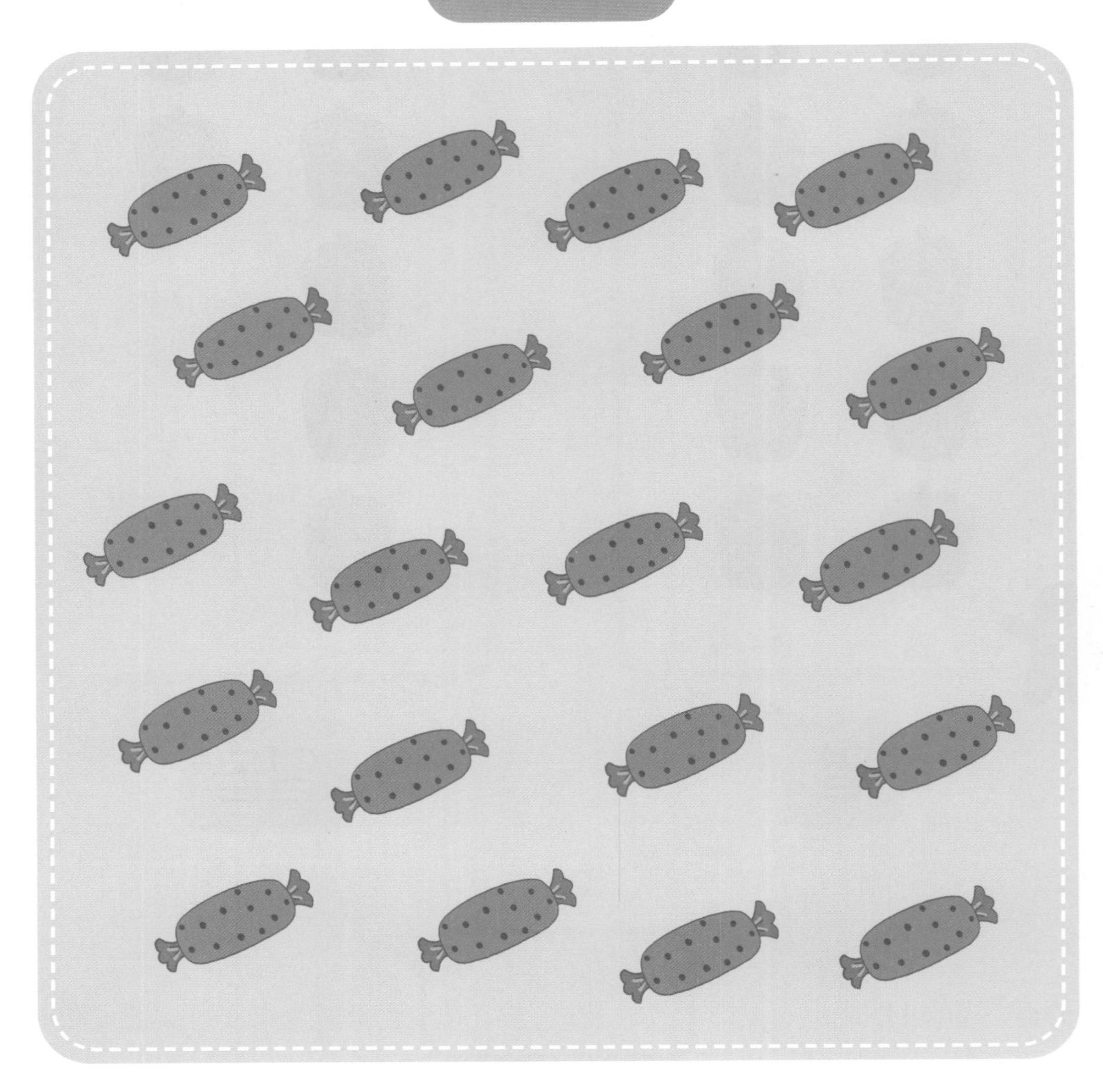

이름 :

날짜 :

확인

다음 그림의 꿀벌 수를 세어 아래 빈칸에 써 보세요.

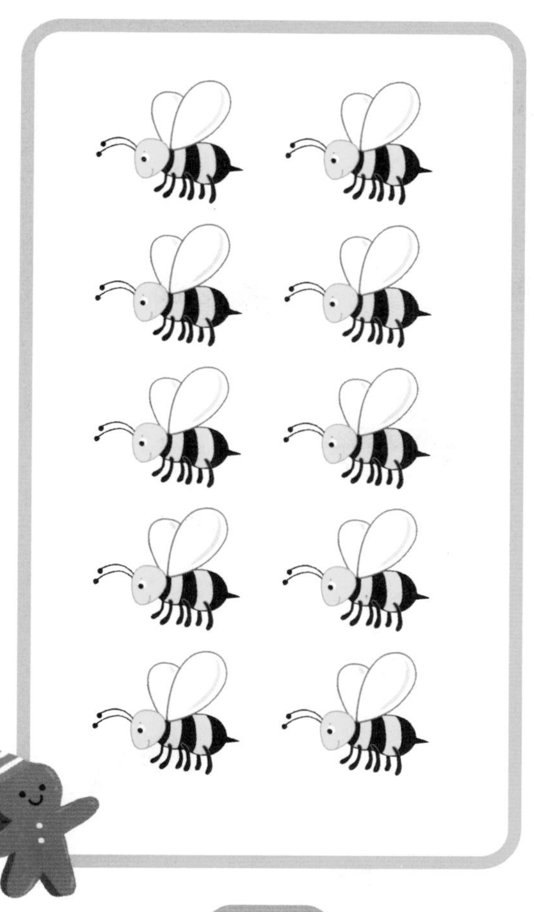

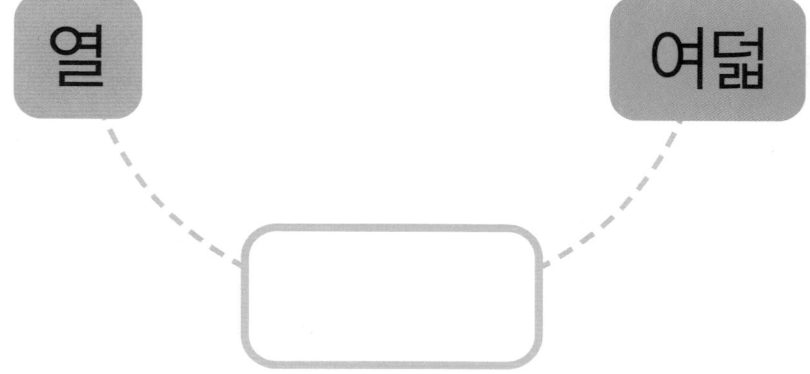

다음에 주어진 수만큼 밤을 ◯로 묶어 보세요.

열여덟

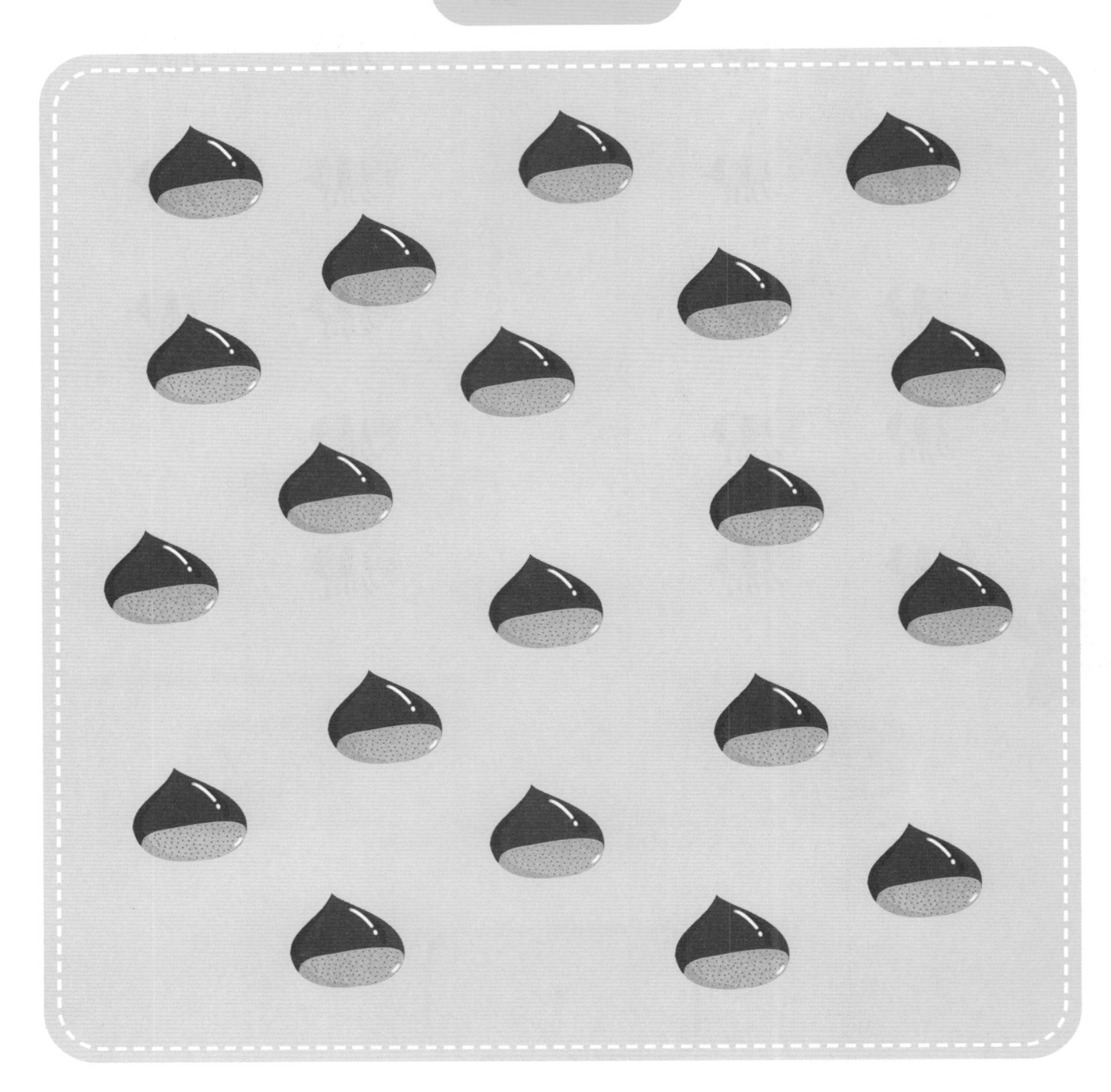

이름 :

날짜 :

확인

다음 그림의 바나나 수를 세어 아래 빈칸에 써 보세요.

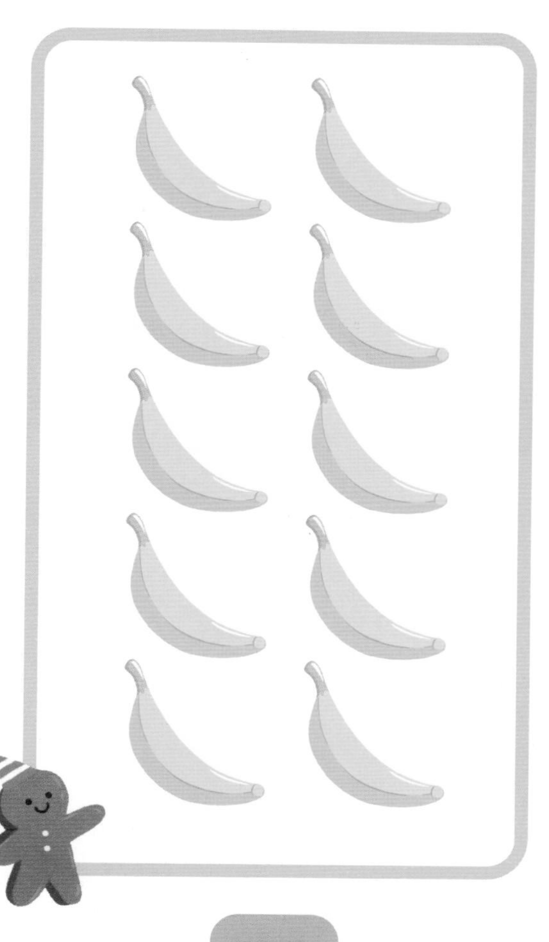

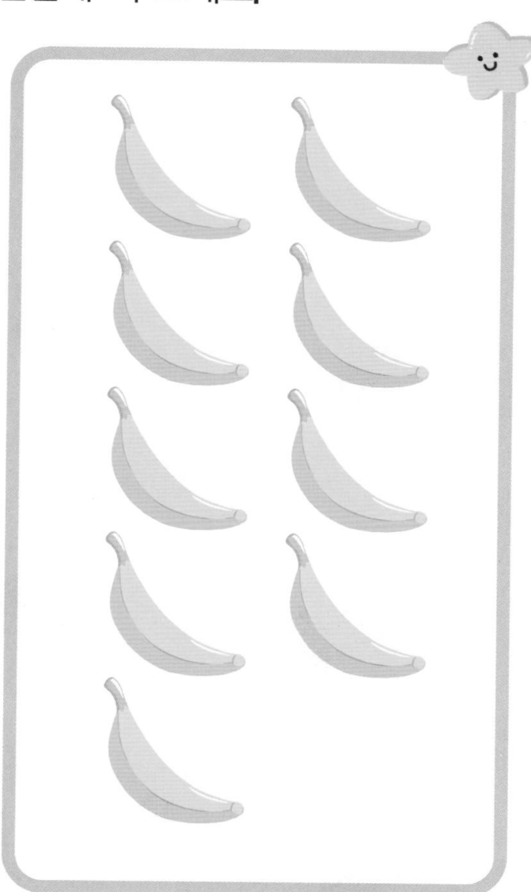

열

아홉

다음에 주어진 수만큼 도토리를 ◯로 묶어 보세요.

열아홉

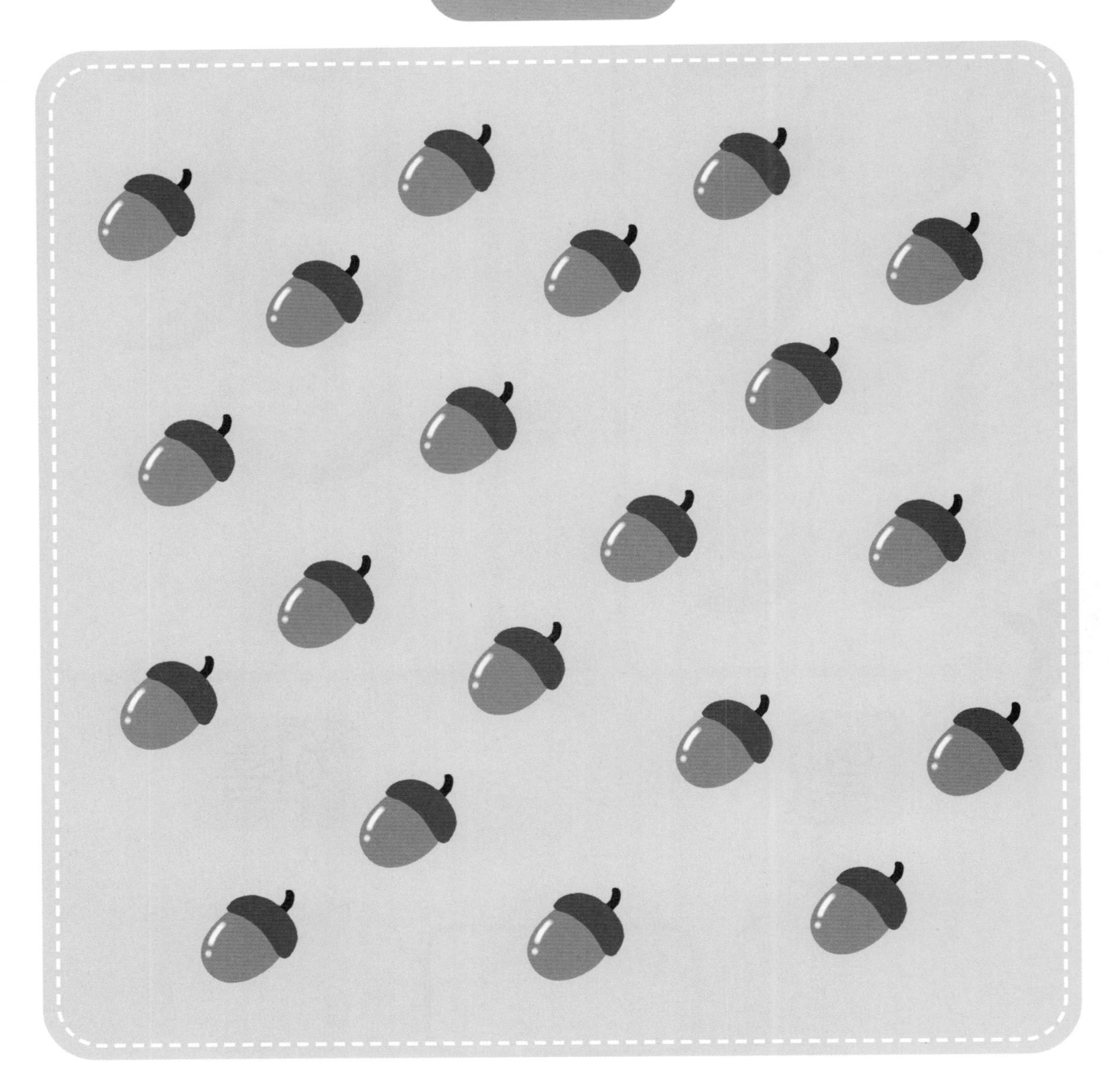

이름 :

날짜 :

확인

다음 그림의 감의 수를 어떻게 세었는지 알아보고, 아래 빈칸에 써 보세요.

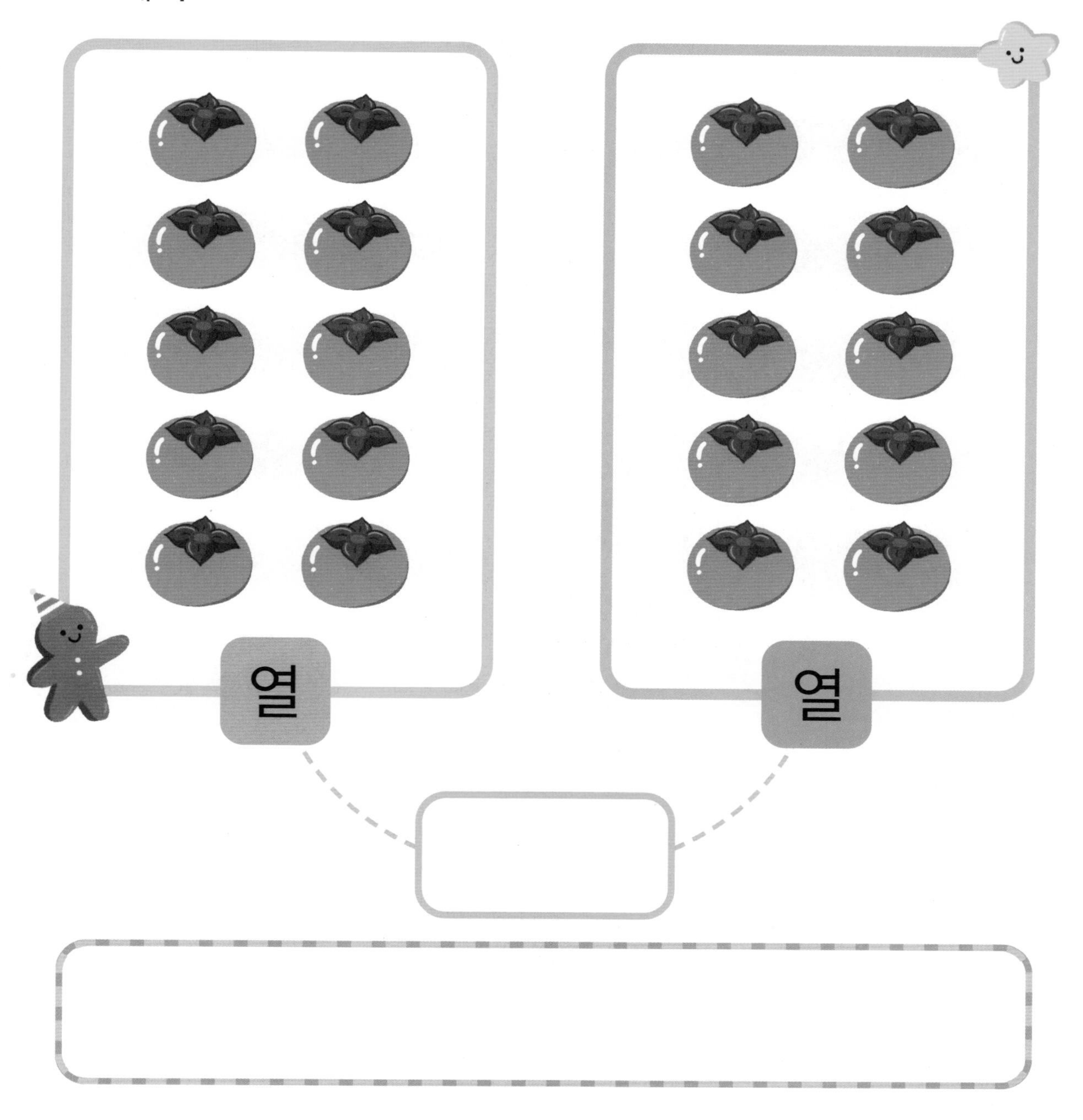

다음에 주어진 수만큼 책을 ◯로 묶어 보세요.

스물

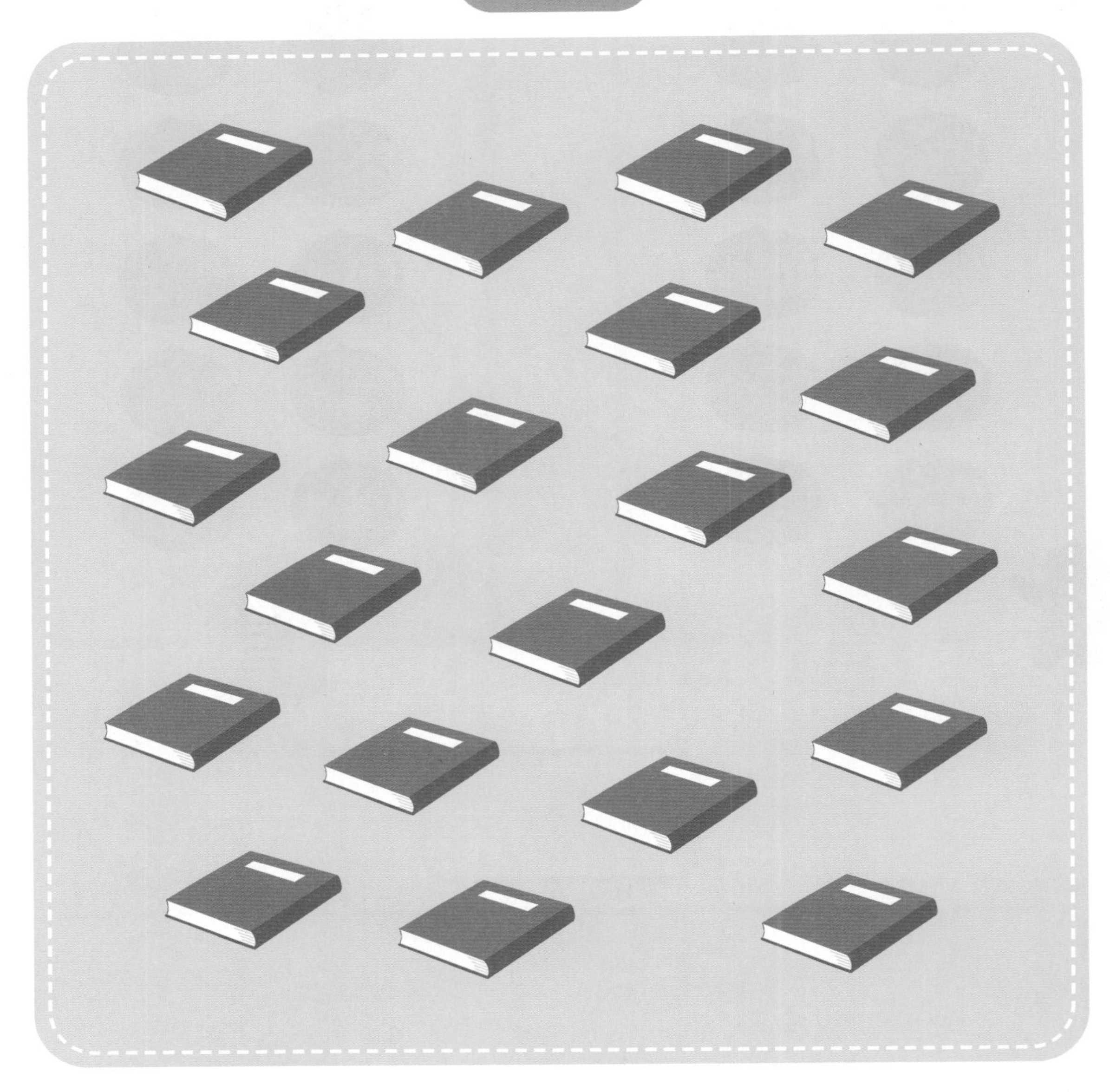

이름 :

날짜 :

확인

왼쪽 그림의 과자의 수를 바르게 나타낸 것끼리 선으로 이어 보세요.

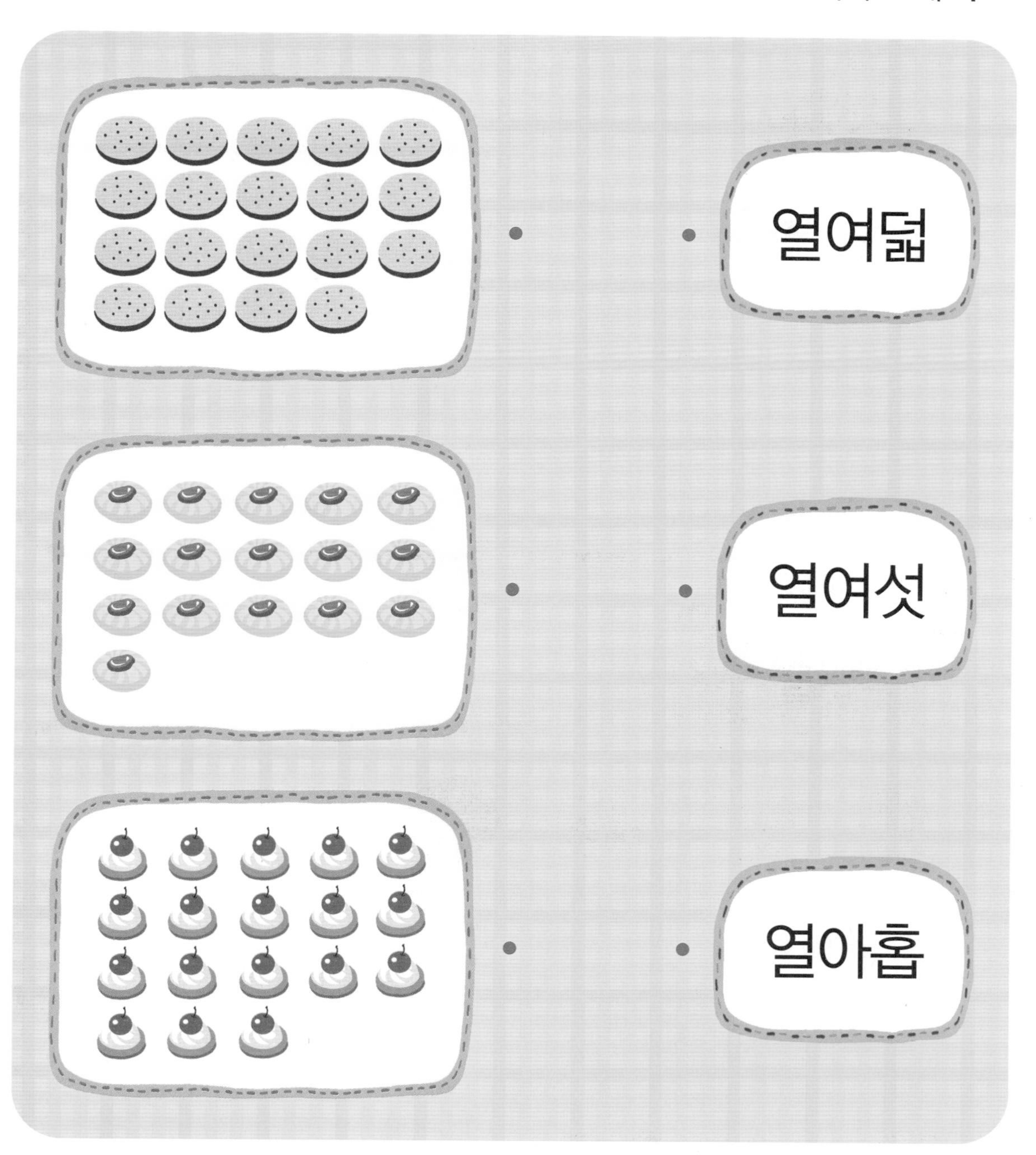

다음에 주어진 수가 되도록 빈 곳에 ◯를 더 그려 보세요.

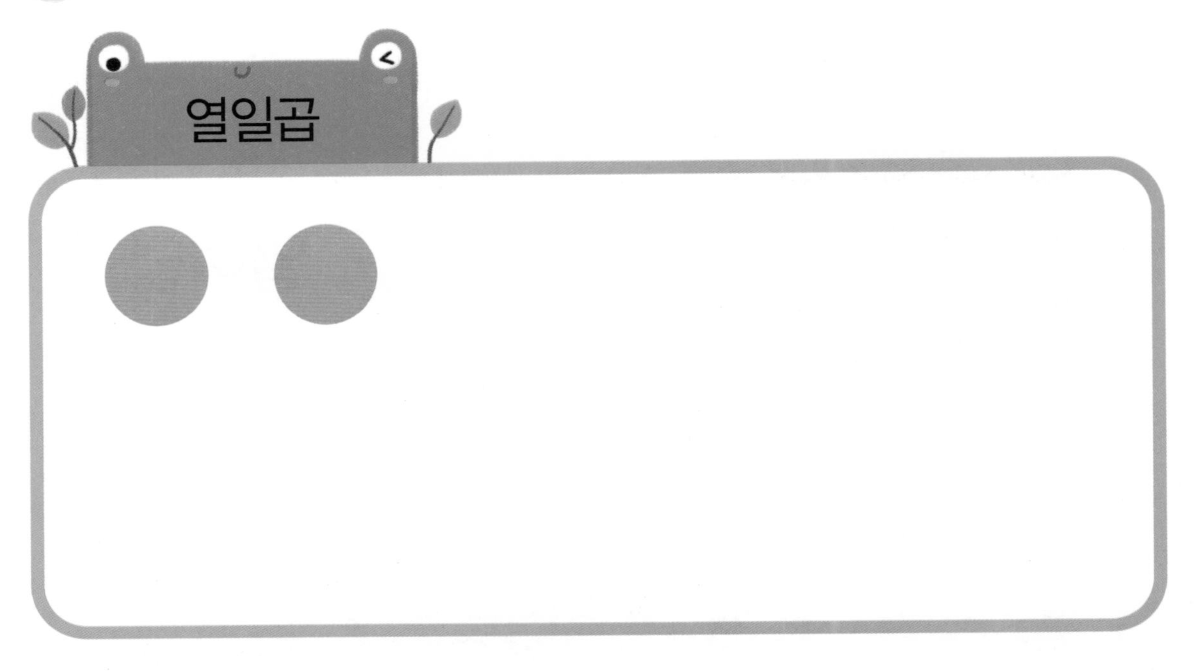


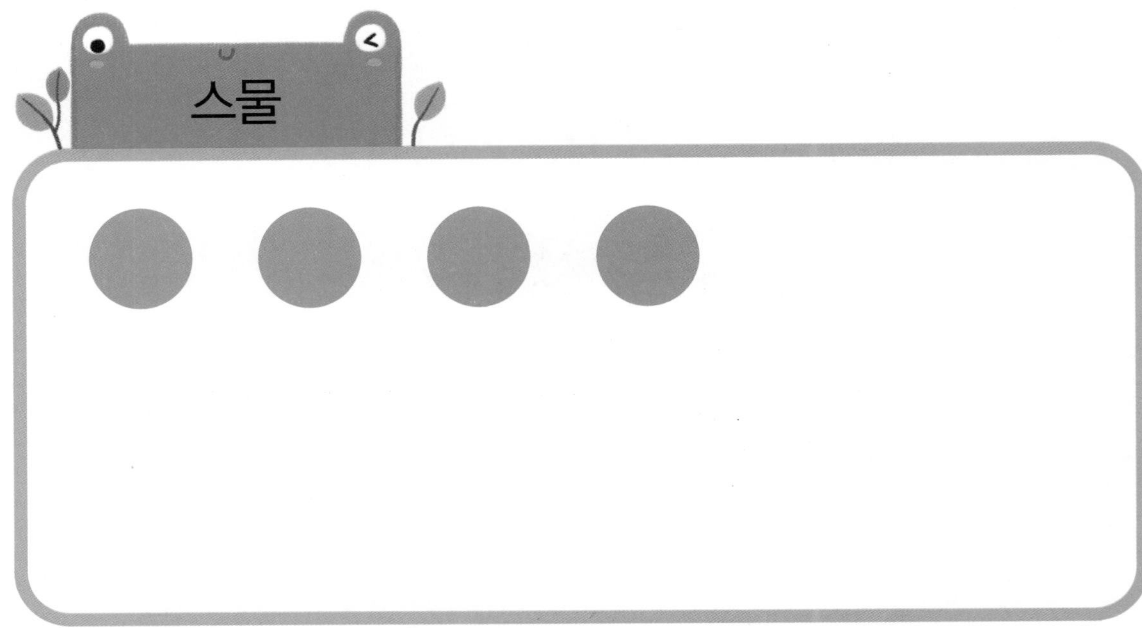

이름 :

날짜 :

확인

두 아이가 들고 있는 풍선은 모두 몇 개인지 바르게 나타낸 말에 ◯를 그려 보세요.

다음 그림의 크레파스는 모두 몇 개인지 바르게 나타낸 말에 ◯를 그려 보세요.

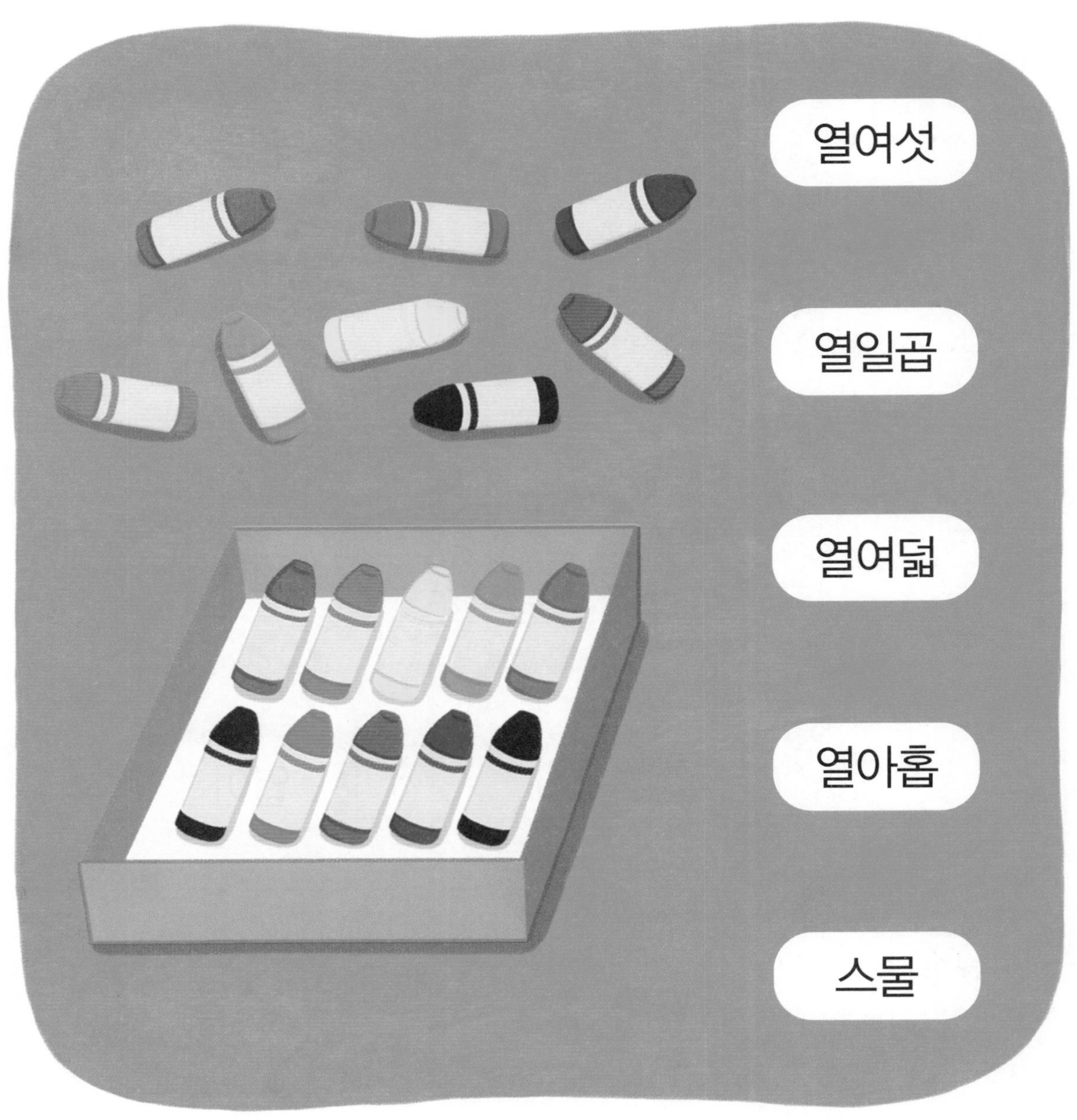

드디어 C단계를 모두 끝마쳤습니다. C단계를 훌륭하게 마친 우리 친구들이 자랑스럽습니다. 다음 단계인 D1집에서도 우리 열심히 공부하기로 해요!

사고력도 탄탄! 창의력도 탄탄!
기탄사고력수학
해답
[C181a~C240b]

※해답은 따로 보관하고 있다가 채점할 때 사용해 주세요.

181a

181b

이해하기 얼마만큼의 양이 열을 나타내는지 알아보는 활동입니다.

해결하기 그림의 수를 손가락으로 하나씩 짚어 가거나 연필로 한 개씩 지워 가면서 그림의 수만큼 색칠해 봅니다.

182a

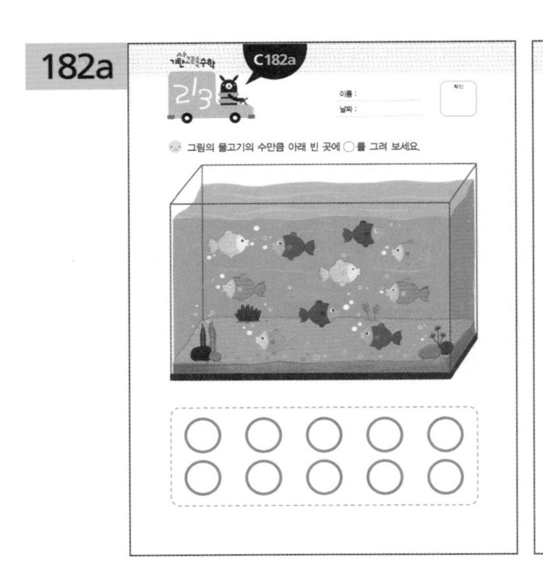


182b

이해하기 얼마만큼의 양이 열을 나타내는지 알아보는 활동입니다.

해결하기 그림의 수를 손가락으로 하나씩 짚어 가거나 연필로 한 개씩 지워 가면서 그림의 수만큼 ○를 그려 봅니다.

183a

183b

이해하기 열까지의 수를 읽어 보면서 열의 양을 알아보는 활동입니다.

해결하기 그림의 수를 손가락으로 하나씩 짚어 가면서 ◯를 그려 보고, 소리 내어 읽어 봅니다.

184a

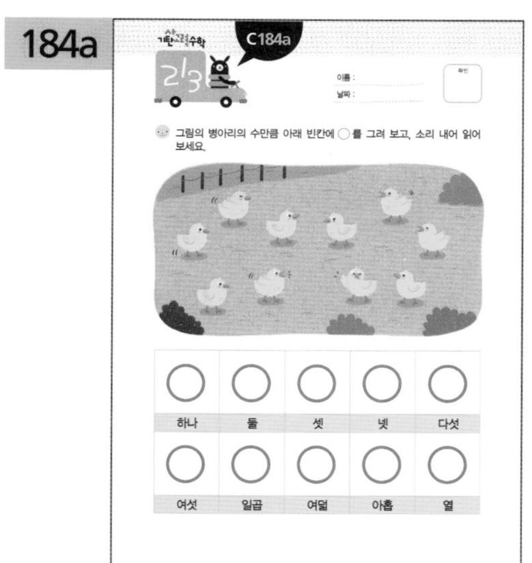


184b

이해하기 열까지의 수를 읽어 보면서 열의 양을 알아보는 활동입니다.

해결하기 그림의 수를 손가락으로 하나씩 짚어 가면서 ◯를 그려 보고, 소리 내어 읽어 봅니다.

185a

185b

이해하기 열 개를 색칠해 보면서 열의 양을 알아보는 활동입니다.

해결하기 그림의 수를 손가락으로 하나씩 짚어 가면서 열 개를 세어 색칠합니다.

186a

186b

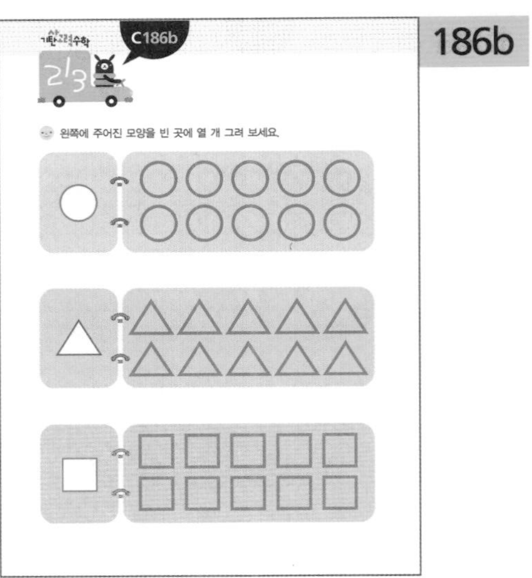


이해하기 열 개를 색칠하거나 그려 보면서 열의 양을 알아보는 활동입니다.

해결하기 그림의 수를 손가락으로 하나씩 짚어 가면서 열 개를 세어 색칠하거나 그려 봅니다.

187a

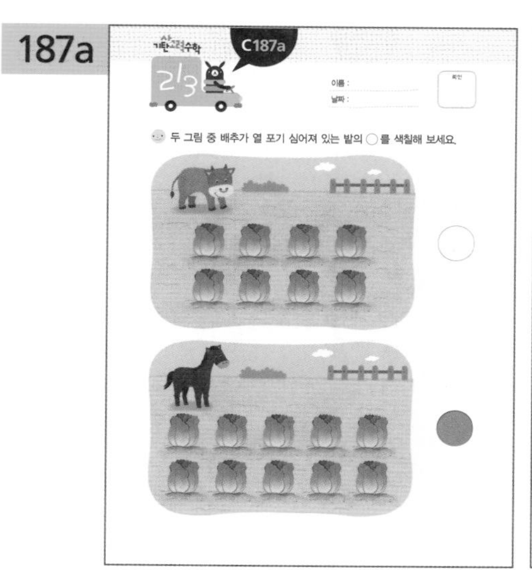


187b

이해하기 열의 양을 알아보는 활동입니다.

해결하기 배추를 손가락으로 세어 보면서 배추가 열 포기인 밭을 찾고, 그물 안의 물고기를 손가락으로 세어 보면서 물고기가 열 마리 잡힌 그물을 찾습니다.

188a

188b

이해하기 열 개 만들어 보기를 통하여 열에 대한 양감을 익히는 활동입니다.

해결하기 달걀과 빵이 몇 개인지 손가락으로 세어 봅니다. 아래 그림에서 열 개를 만들기 위해 더 채워야 하는 수는 몇 개인지 세어 보고, ◯로 묶어 봅니다.

189a

189b

**이해하기** 열 개 만들어 보기를 통하여 열에 대한 양감을 익히는 활동입니다.

**해결하기** 초와 당근이 몇 개인지 손가락으로 세어 봅니다. 아래 그림에서 열 개를 만들기 위해 더 채워야 하는 수는 몇 개인지 세어 보고, ◯로 묶어 봅니다.

190a

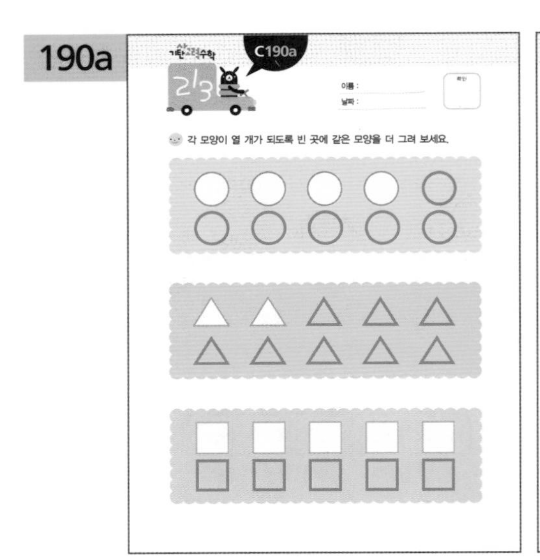


190b

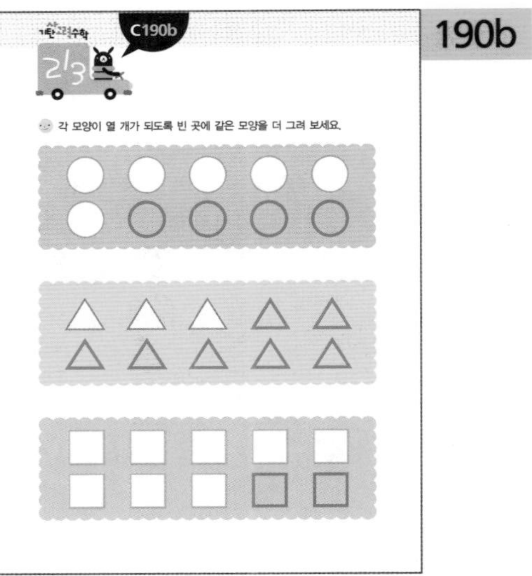


**이해하기** 열 개 만들어 보기를 통하여 열에 대한 양감을 익히는 활동입니다.

**해결하기** 그림의 수만큼 손가락을 접어 보고, 접혀지지 않은 손가락은 몇 개인지 세어 그림을 그려 봅니다.

## 191a

C191a

이름 :

날짜 :

확인

각 그림이 열 개가 되도록 빈 곳에 ○를 더 그려 보세요.

## 191b

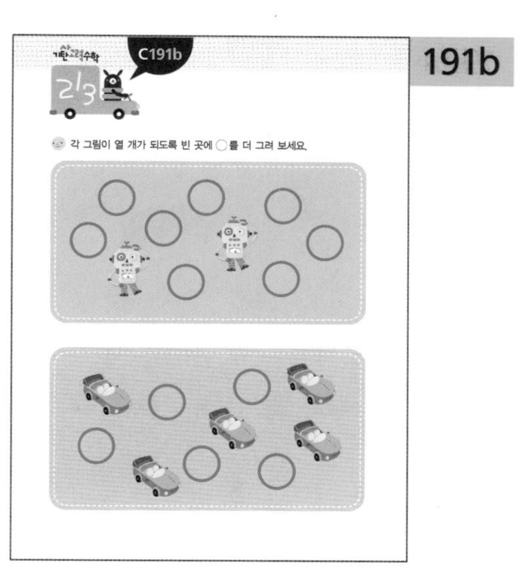
C191b

각 그림이 열 개가 되도록 빈 곳에 ○를 더 그려 보세요.

**이해하기** 열 개 만들어 보기를 통하여 열에 대한 양감을 익히는 활동입니다.

**해결하기** 그림의 수만큼 손가락을 접어 보고, 접혀지지 않은 손가락은 몇 개인지 세어 그림을 그려 봅니다.

## 192a

C192a

이름 :

날짜 :

확인

칭찬 붙임 딱지를 열 개 모으려고 해요. 필요한 칭찬 붙임 딱지 수만큼 아래 빈칸에 ○를 그리고, 몇 개가 필요한지 □ 안에 알맞은 수를 써 보세요.

3 + 7

## 192b

C192b

상자에 과자를 열 개 담으려고 해요. 필요한 과자의 수만큼 아래 빈칸에 ○를 그리고, 몇 개가 필요한지 □ 안에 알맞은 수를 써 보세요.

2 + 8

**이해하기** 열 개 만들어 보기를 통하여 열에 대한 양감을 익히는 활동입니다.

**해결하기** 그림의 수만큼 손가락을 접어 봅니다. 접혀지지 않은 손가락만큼 ○를 그려 보고 몇 개인지 세어 □ 안에 알맞은 수를 써넣습니다.

193a

193b

이해하기 열 개 만들어 보기를 통하여 열에 대한 양감을 익히는 활동입니다.

해결하기 그림의 수만큼 손가락을 접어 봅니다. 접혀지지 않은 손가락만큼 ○를 더 그려 보고 몇 개가 더 있어야 하는지 □ 안에 알맞은 수를 써넣습니다.

194a

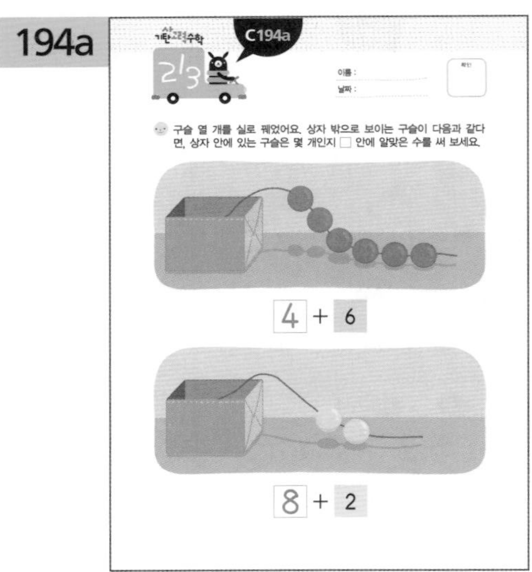


194b

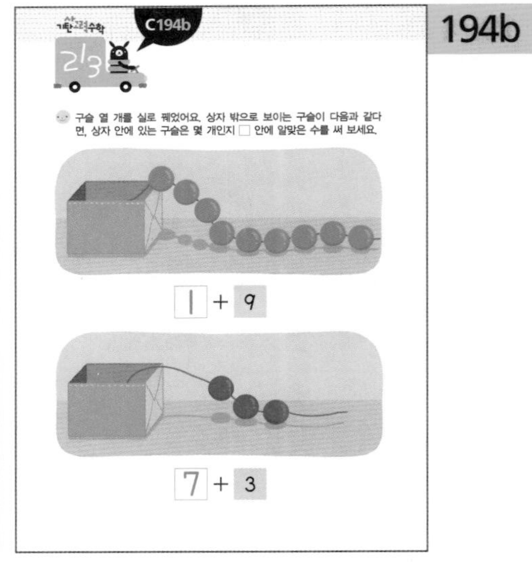


이해하기 열 개 만들어 보기를 통하여 열에 대한 양감을 익히는 활동입니다.

해결하기 상자 밖에 있는 구슬의 수를 손가락으로 짚어 가며 세어 봅니다. 구슬이 열 개가 되려면 몇 개가 더 있어야 하는지 □ 안에 알맞은 수를 써넣습니다.

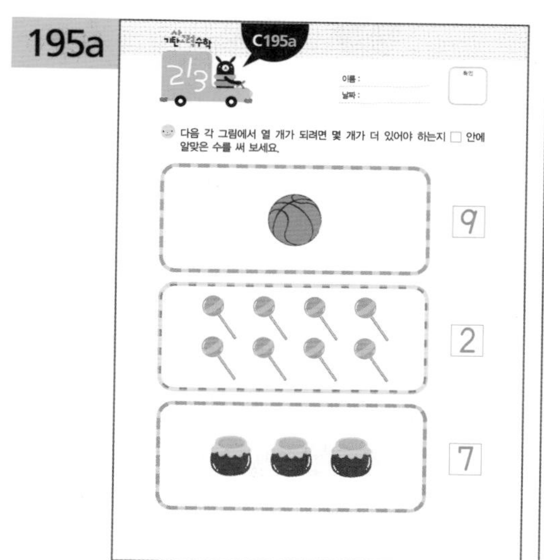


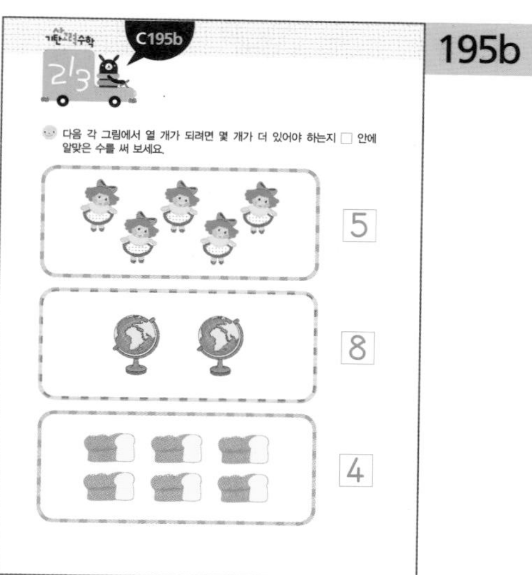


이해하기 열 개 만들어 보기를 통하여 열에 대한 양감을 익히는 활동입니다.

해결하기 그림의 수를 세어 보고 열 개가 되려면 몇 개가 더 있어야 하는지 □ 안에 알맞은 수를 써넣습니다.

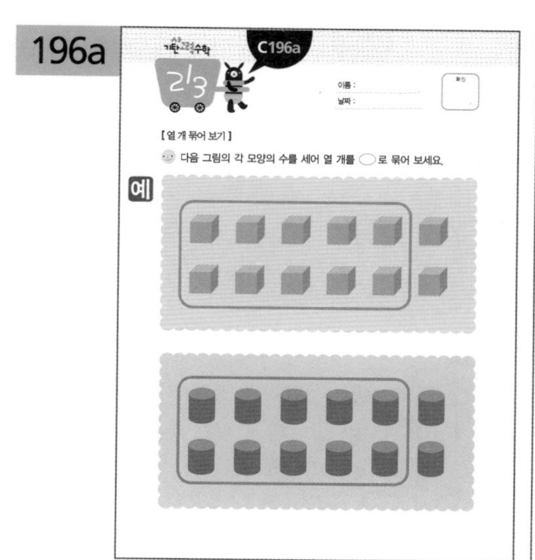


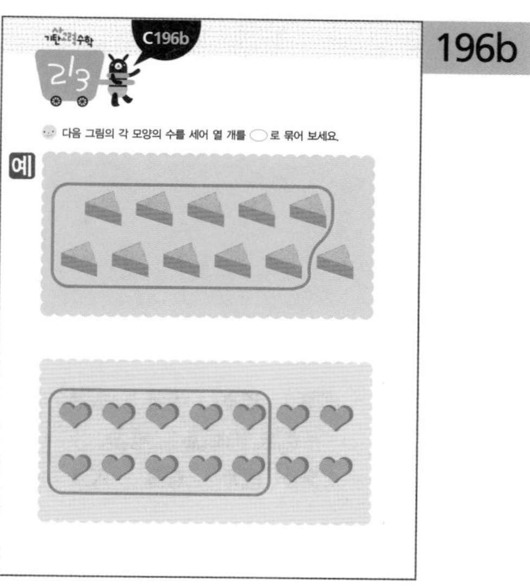


이해하기 열 개를 한 개의 묶음으로 나타내어 보는 활동입니다.

해결하기 그림의 수를 손가락으로 짚어 가며 열 개를 세어 보고, 열 개를 하나의 묶음으로 묶어 봅니다.

※해답은 따로 보관하고 있다가 채점할 때 사용해 주세요.

197a

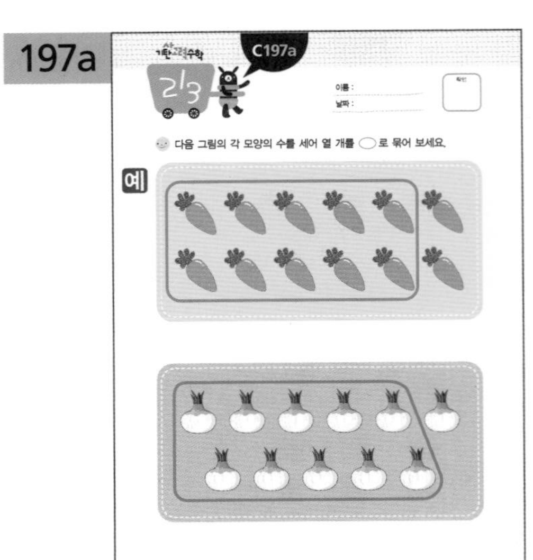


197b

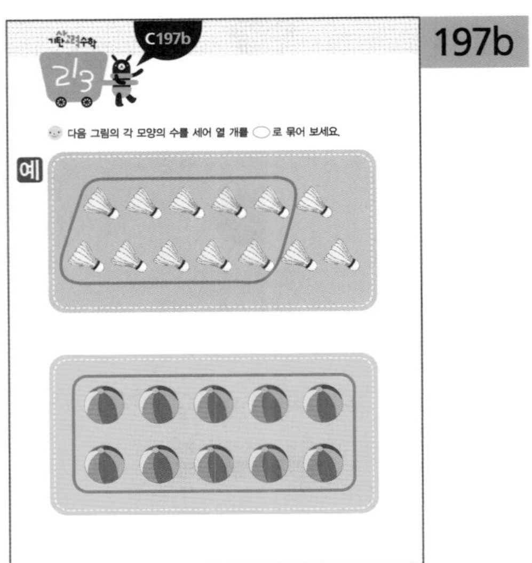


이해하기 열 개를 한 개의 묶음으로 나타내어 보는 활동입니다.

해결하기 그림의 수를 손가락으로 짚어 가며 열 개를 세어 보고, 열 개를 하나의 묶음으로 묶어 봅니다.

198a

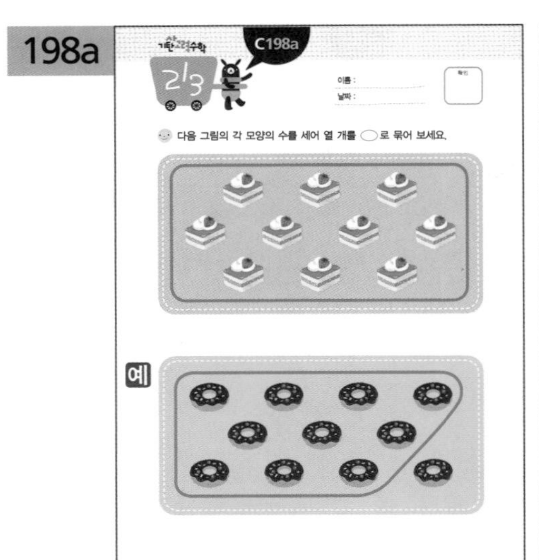


198b

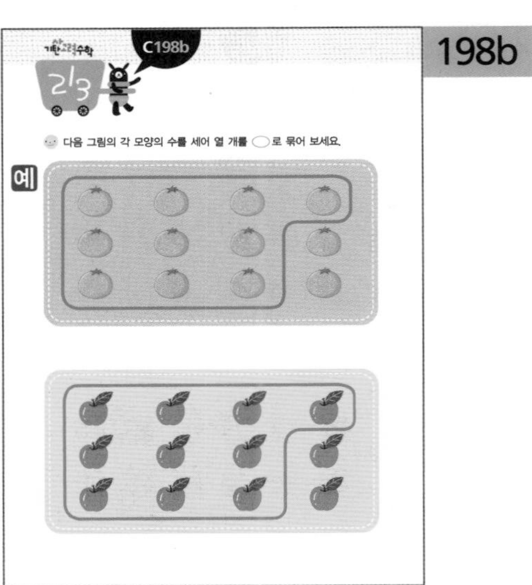


이해하기 열 개를 한 개의 묶음으로 나타내어 보는 활동입니다.

해결하기 그림의 수를 손가락으로 짚어 가며 열 개를 세어 보고, 열 개를 하나의 묶음으로 묶어 봅니다.

※해답은 따로 보관하고 있다가 채점할 때 사용해 주세요.

199a

199b

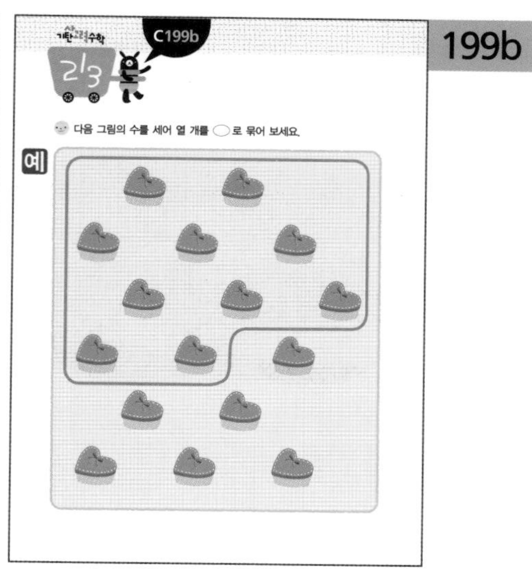


이해하기 열 개를 한 개의 묶음으로 나타내어 보는 활동입니다.

해결하기 그림의 수를 손가락으로 짚어 가며 열 개를 세어 보고, 열 개를 하나의 묶음으로 묶어 봅니다.

200a

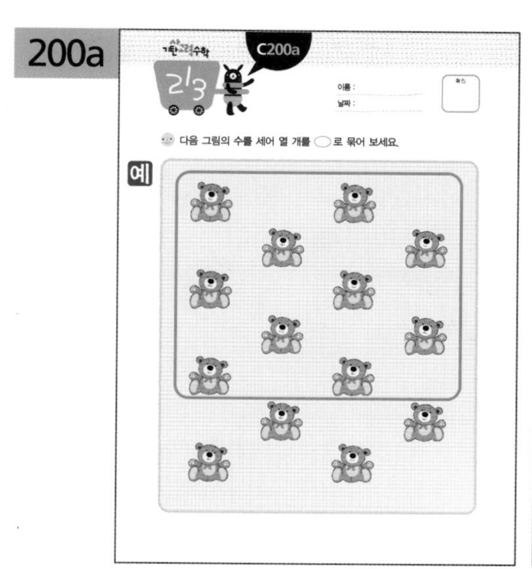


200b

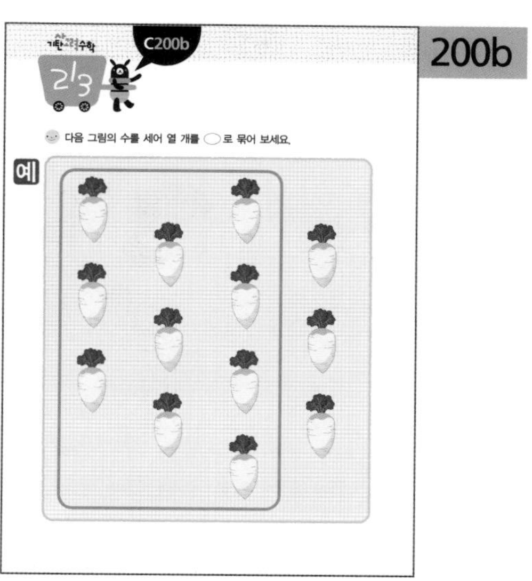


이해하기 열 개를 한 개의 묶음으로 나타내어 보는 활동입니다.

해결하기 그림의 수를 손가락으로 짚어 가며 열 개를 세어 보고, 열 개를 하나의 묶음으로 묶어 봅니다.

※해답은 따로 보관하고 있다가 채점할 때 사용해 주세요.

201a

201b

**이해하기** 한 묶음이 열 개임을 알고, 이를 통해 '10'에서의 숫자 '1'이 낱개 열 개를 나타내는 것임을 이해하는 활동입니다.

**해결하기** 그림의 수를 손가락으로 하나씩 짚어 가며 세어 보고, 그 수만큼 아래 그림을 ◯로 묶어 봅니다.

202a

202b

**이해하기** 한 묶음이 열 개임을 알고, 이를 통해 '10'에서의 숫자 '1'이 낱개 열 개를 나타내는 것임을 이해하는 활동입니다.

**해결하기** 생선의 수를 손가락으로 하나씩 짚어 가며 세어 보고, 그 수만큼 아래 그림을 ◯로 묶어 봅니다. 큰 초가 나타내는 수는 작은 초 몇 개와 같은지, 그 수만큼 아래 그림을 ◯로 묶어 봅니다.

203a

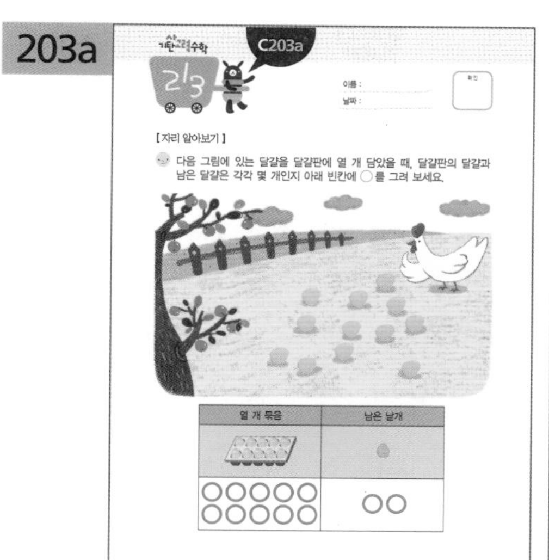


203b

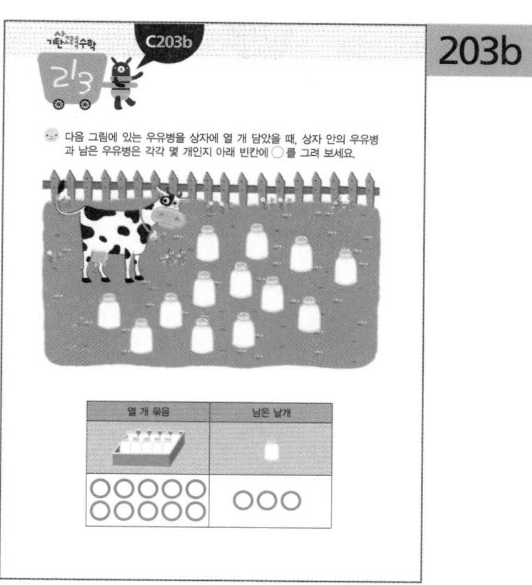


이해하기 낱개를 열 개 묶음과 낱개로 나타내어 보면서, 십의 자리와 일의 자리의 표현을 알아보는 활동입니다.

해결하기 그림의 수를 손가락으로 하나씩 짚어 가며 세어 열 개를 묶어 보고, 열 개 묶음과 남은 낱개는 각각 몇 개인지 ◯를 그려 봅니다.

204a

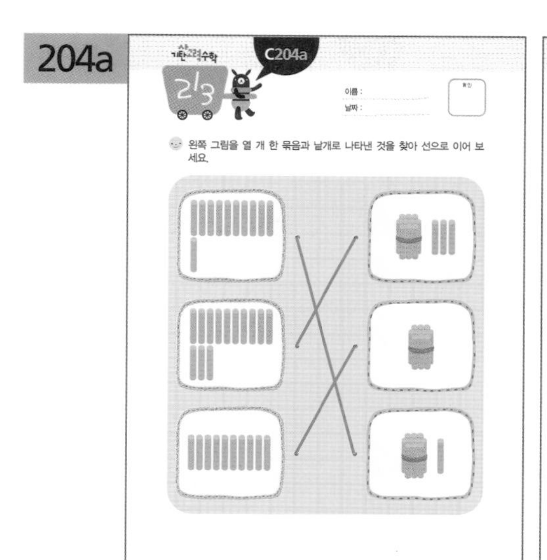


204b

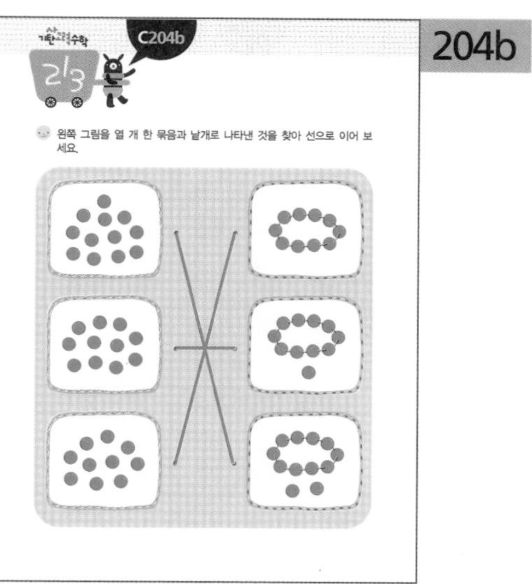


이해하기 낱개를 열 개 묶음과 낱개로 나타내어 보면서, 십의 자리와 일의 자리의 표현을 알아보는 활동입니다.

해결하기 그림을 손가락으로 하나씩 짚어 가며 세어 열 개를 묶어 보고, 열 개 묶음과 낱개 몇 개로 되어 있는 것인지 찾아 선으로 이어 봅니다.

205a

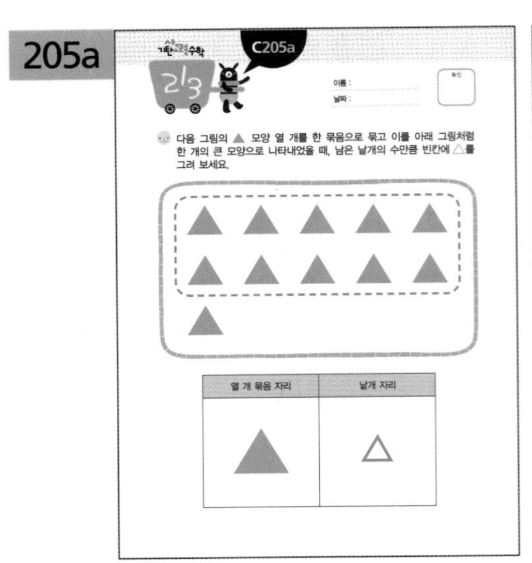


205b

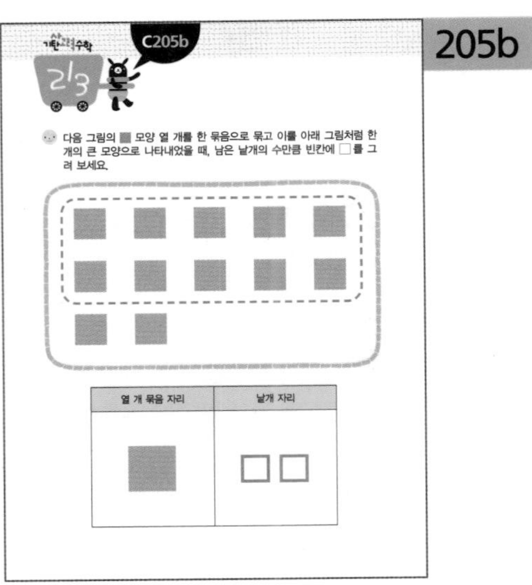


이해하기 그림의 모양 열 개를 한 개의 큰 모양으로 나타내어 보고, 이를 통해 '10'에서의 숫자 '1'이 낱개 열 개를 나타내는 것임을 이해하는 활동입니다.

해결하기 낱개 열 개를 한 개의 큰 모양으로 나타내고, 남은 낱개의 수를 세어 낱개 자리에 그려 봅니다.

206a

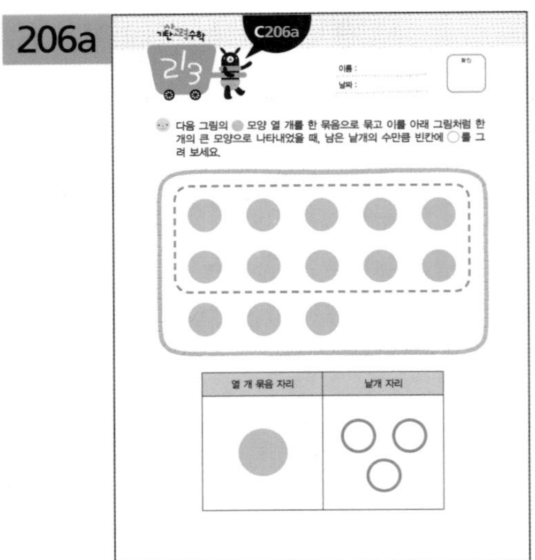


206b

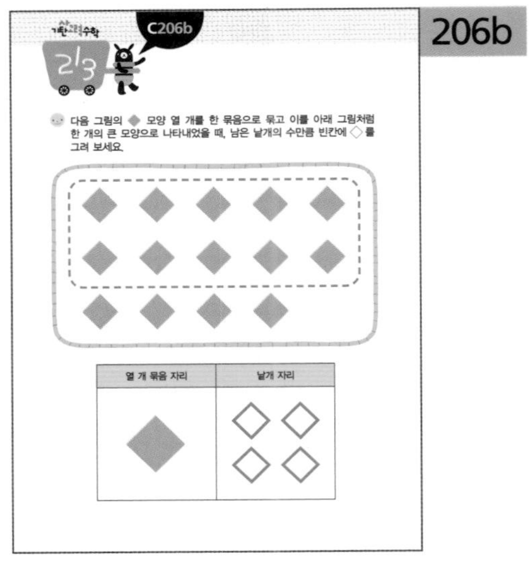


이해하기 그림의 모양 열 개를 한 개의 큰 모양으로 나타내어 보고, 이를 통해 '10'에서의 숫자 '1'이 낱개 열 개를 나타내는 것임을 이해하는 활동입니다.

해결하기 낱개 열 개를 한 개의 큰 모양으로 나타내고, 남은 낱개의 수를 세어 낱개 자리에 그려 봅니다.

207a

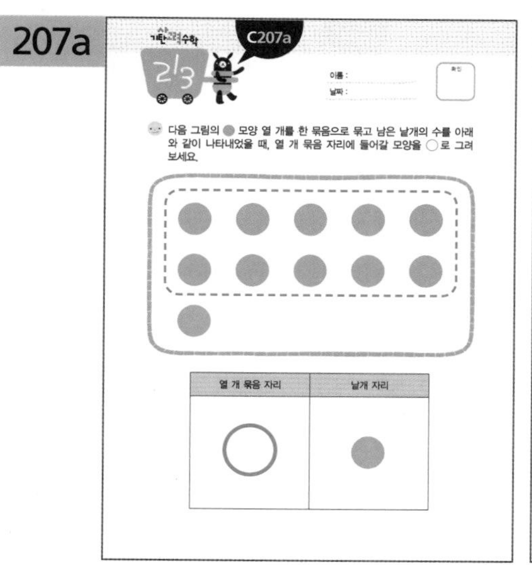


207b

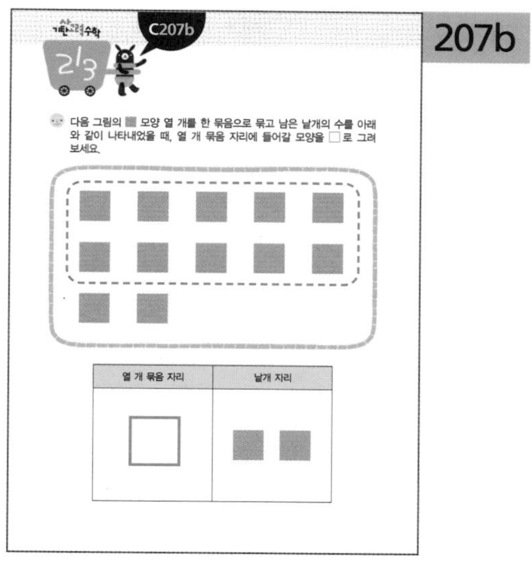


**이해하기** 그림의 모양 열 개를 한 개의 큰 모양으로 나타내어 보고, 이를 통해 '10'에서의 숫자 '1'이 낱개 열 개를 나타내는 것임을 이해하는 활동입니다.

**해결하기** 낱개 열 개를 한 개의 큰 모양으로 그려 봅니다.

208a

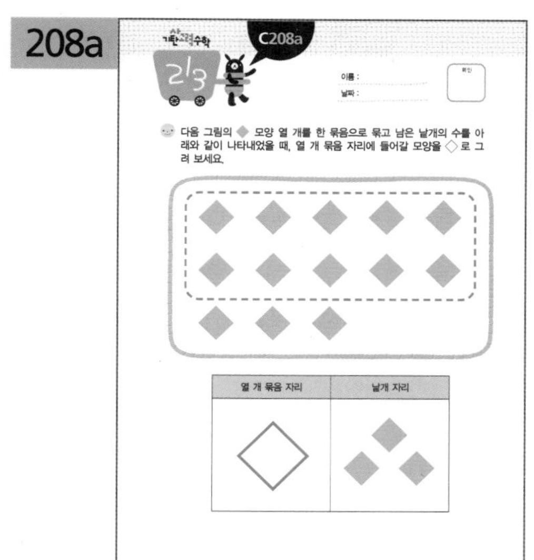


208b

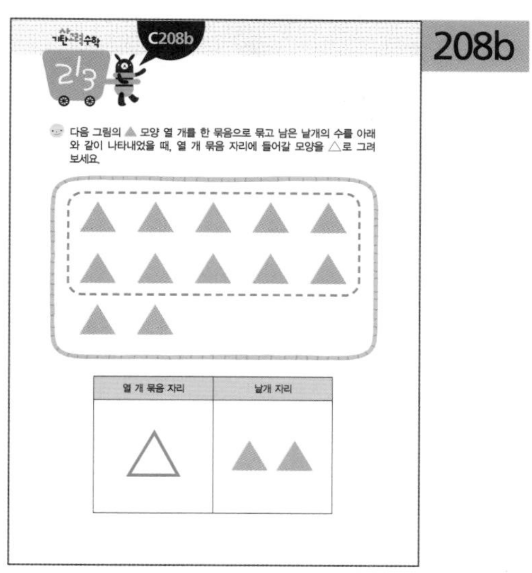


**이해하기** 그림의 모양 열 개를 한 개의 큰 모양으로 나타내어 보고, 이를 통해 '10'에서의 숫자 '1'이 낱개 열 개를 나타내는 것임을 이해하는 활동입니다.

**해결하기** 낱개 열 개를 한 개의 큰 모양으로 그려 봅니다.

209a

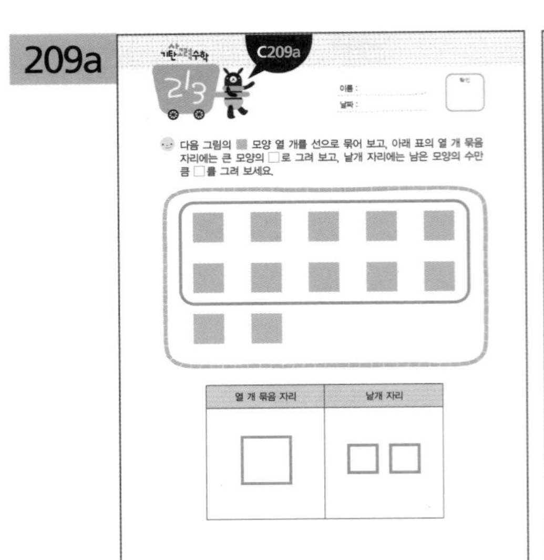


209b

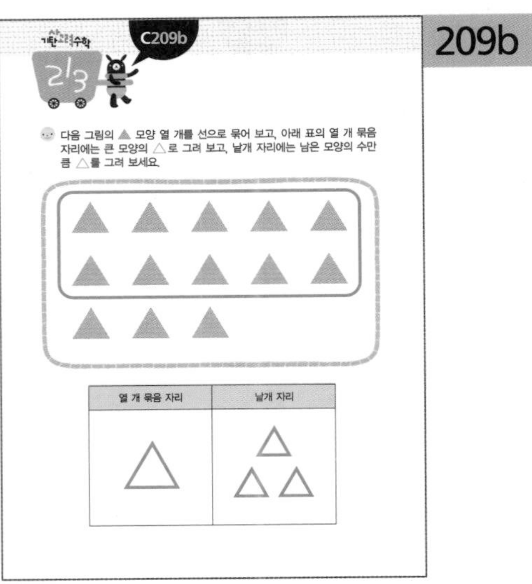


이해하기 그림의 모양 열 개를 한 개의 큰 모양으로 나타내어 보고, 이를 통해 '10'에서의 숫자 '1'이 낱개 열 개를 나타내는 것임을 이해하는 활동입니다.

해결하기 낱개 열 개를 선으로 묶어 한 개의 큰 모양으로 나타내고, 남은 낱개를 세어 낱개 자리에 그려 봅니다.

210a

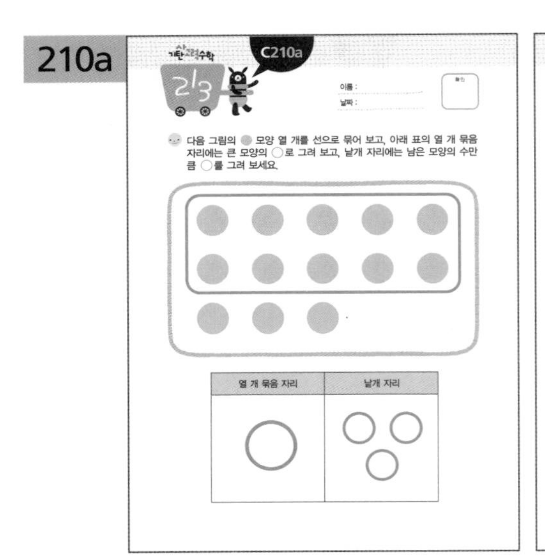


210b

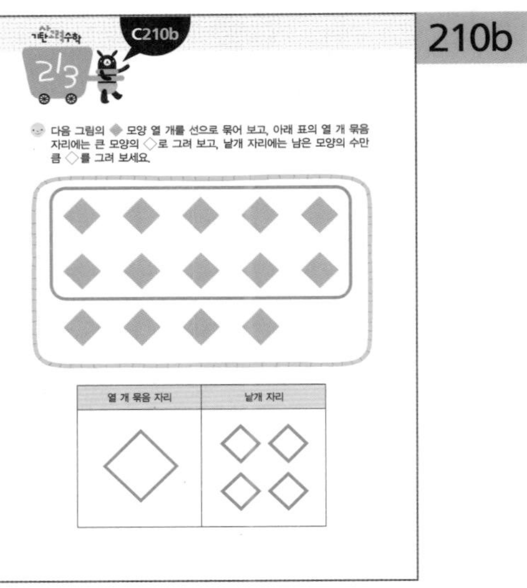


이해하기 그림의 모양 열 개를 한 개의 큰 모양으로 나타내어 보고, 이를 통해 '10'에서의 숫자 '1'이 낱개 열 개를 나타내는 것임을 이해하는 활동입니다.

해결하기 낱개 열 개를 선으로 묶어 한 개의 큰 모양으로 나타내고, 남은 낱개를 세어 낱개 자리에 그려 봅니다.

211a

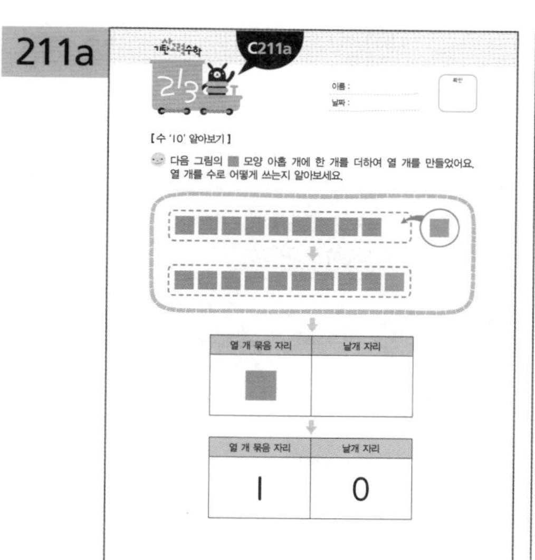


211b

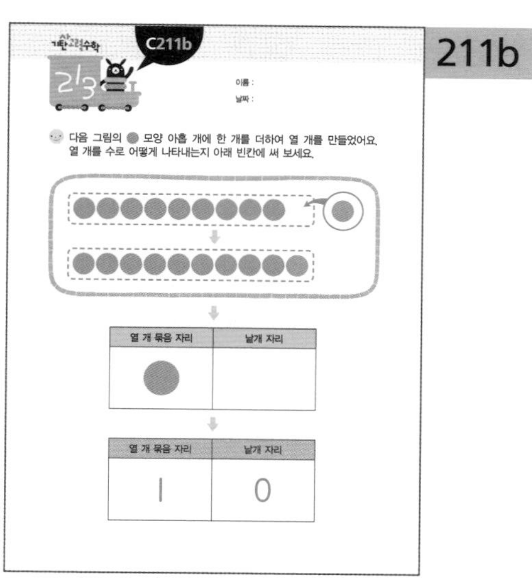


이해하기 수 '10'을 알아보고, 각 숫자가 나타내는 수의 양을 알아보는 활동입니다.

해결하기 9보다 1 큰 수는 '10'으로 나타내고, 10에서 1은 낱개 열 개를, 0은 낱개가 없음을 나타냅니다.

212a

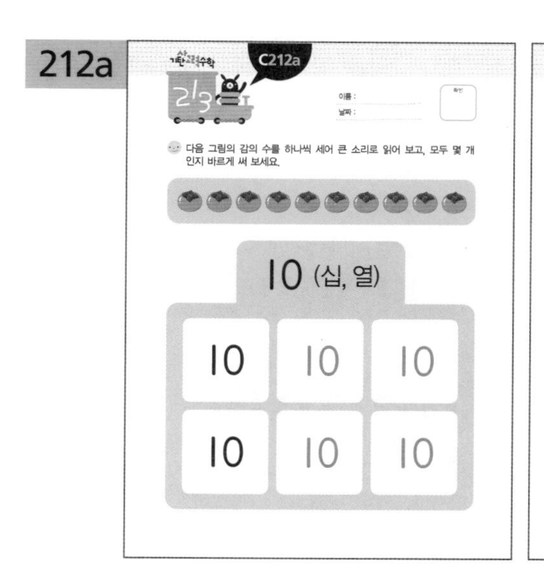


212b

이해하기 10을 읽어 보고, 써 보는 활동입니다.

해결하기 그림을 손가락으로 짚어 가며 하나씩 세어 보고, 열 개를 10으로 나타내어 보고, 1부터 10까지의 수를 읽고 따라서 써 봅니다.

※해답은 따로 보관하고 있다가 채점할 때 사용해 주세요.

213a

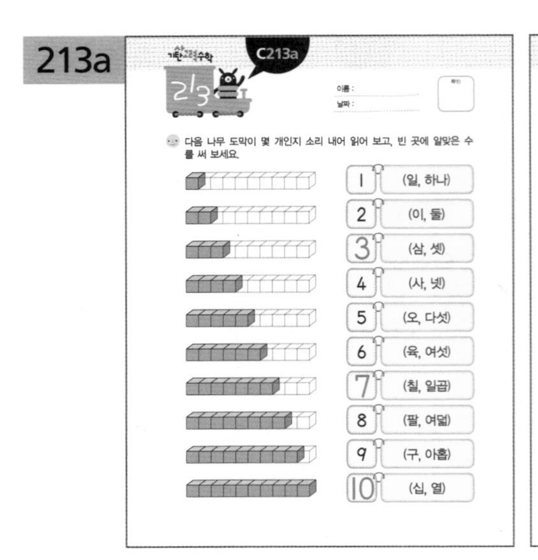


213b

이해하기 1부터 10까지 읽는 방법과 그 양을 알아보는 활동입니다.

해결하기 나무 도막과 손가락의 수를 세어 읽어 보고, 빈 곳에 알맞은 수를 써넣습니다.

214a

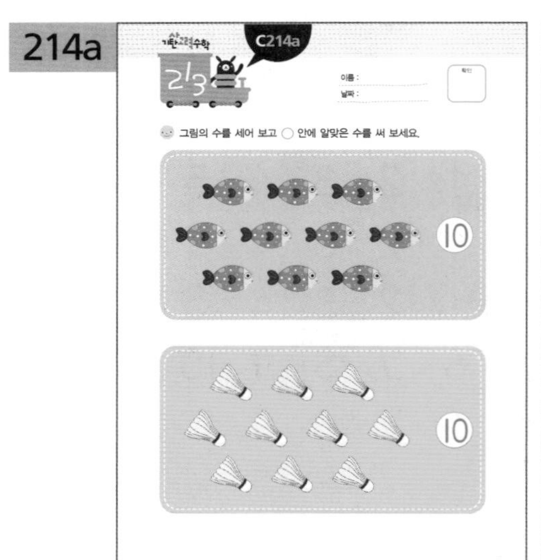


214b

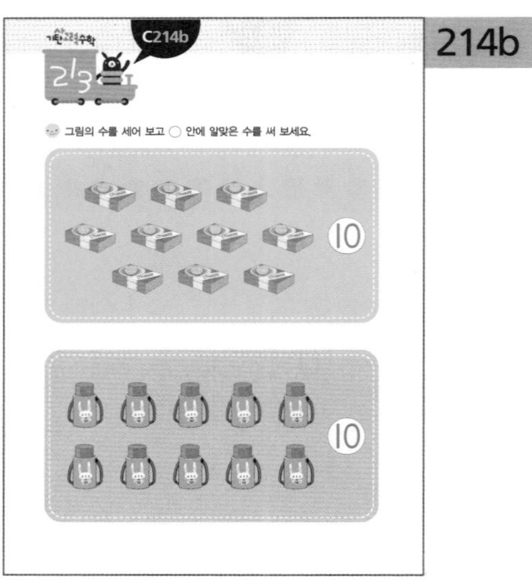


이해하기 10이 얼마만큼의 양을 나타내는지 알아보는 활동입니다.

해결하기 그림을 손가락으로 하나씩 짚어 가면서 세어 보고, 그림의 수를 ◯ 안에 써넣습니다.

215a

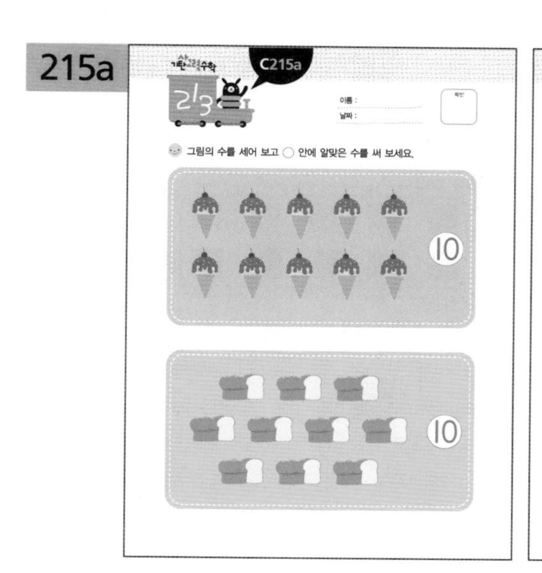


215b

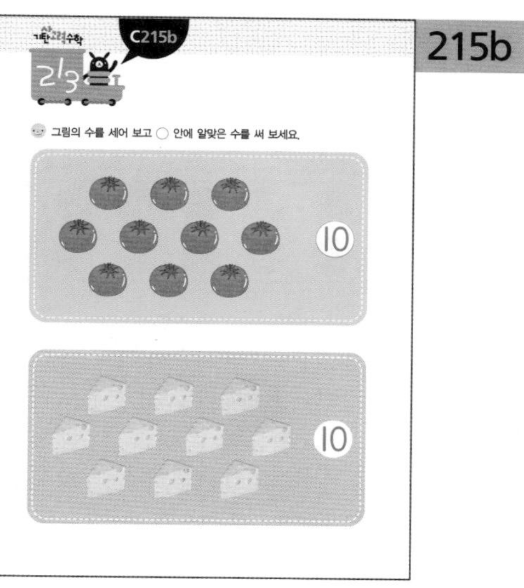


이해하기 10이 얼마만큼의 양을 나타내는지 알아보는 활동입니다.

해결하기 그림을 손가락으로 하나씩 짚어 가면서 세어 보고, 그림의 수를 ○ 안에 써넣습니다.

216a

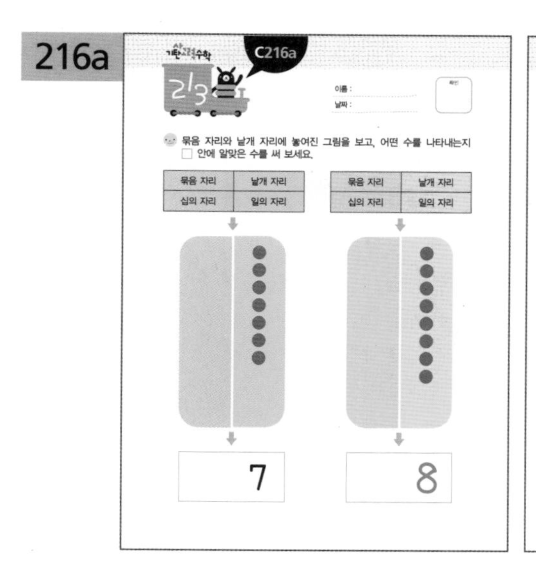


216b

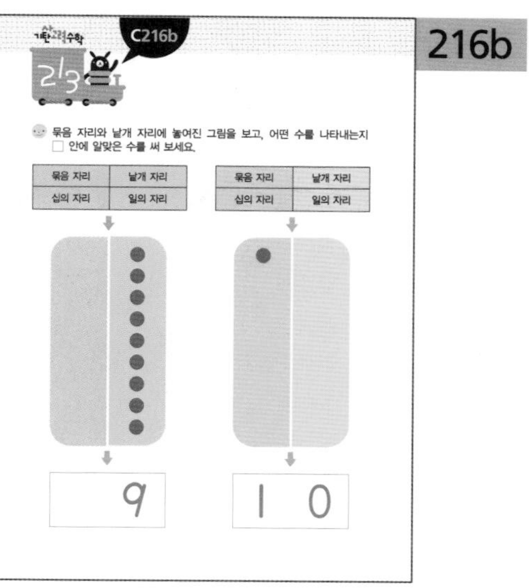


이해하기 묶음 자리와 낱개 자리를 십의 자리와 일의 자리로 이해하여, 수의 양을 알아보는 활동입니다.

해결하기 묶음 자리와 낱개 자리에 놓인 그림의 수가 몇 개인지 알아보고 □ 안에 써넣습니다.

※해답은 따로 보관하고 있다가 채점할 때 사용해 주세요.

217a

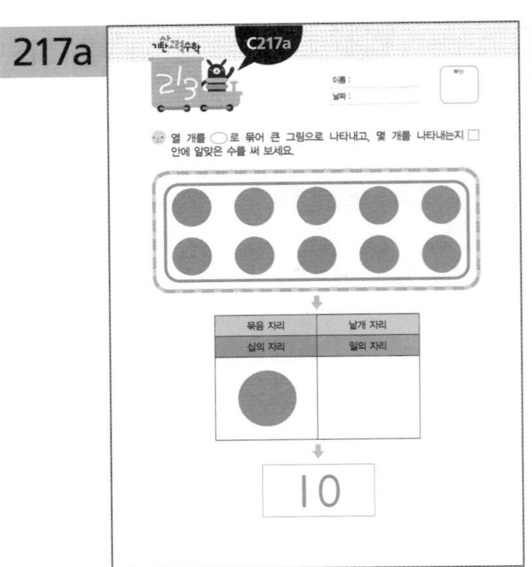

217b

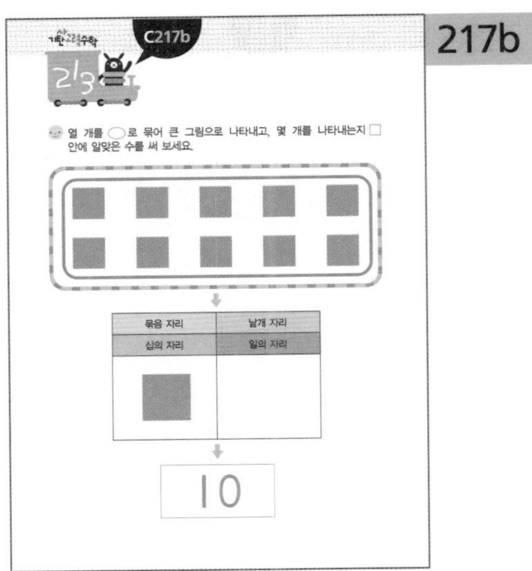

이해하기 낱개 열 개를 한 개의 묶음으로 나타내어, 묶음 자리의 큰 그림을 수로 어떻게 나타내는지 알아보는 활동입니다.

해결하기 그림을 손가락으로 세어 열 개를 묶어 봅니다. 열 개를 묶은 것을 큰 모양으로 나타내어 보고, 얼마를 나타내는지 수로 써 봅니다.

218a

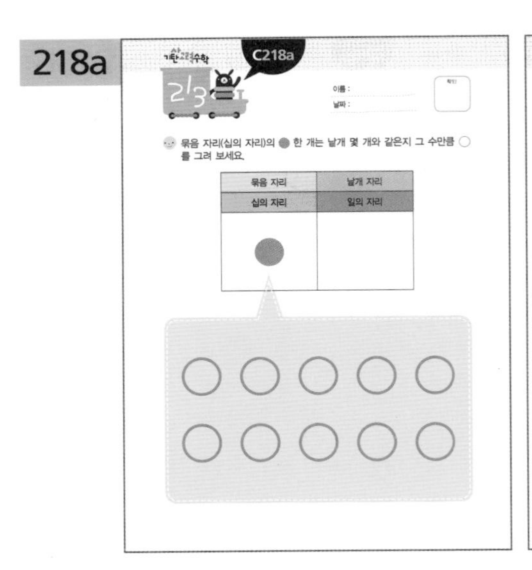

218b

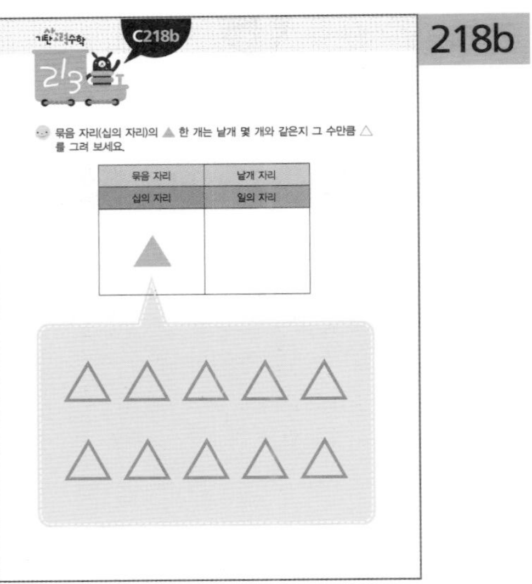

이해하기 묶음 자리(십의 자리)의 한 개는 얼마를 나타내는지 알아보는 활동입니다.

해결하기 묶음 자리(십의 자리)는 낱개 몇 개를 묶어서 된 것인지 알아보고, 그 수만큼 그림을 그려 봅니다.

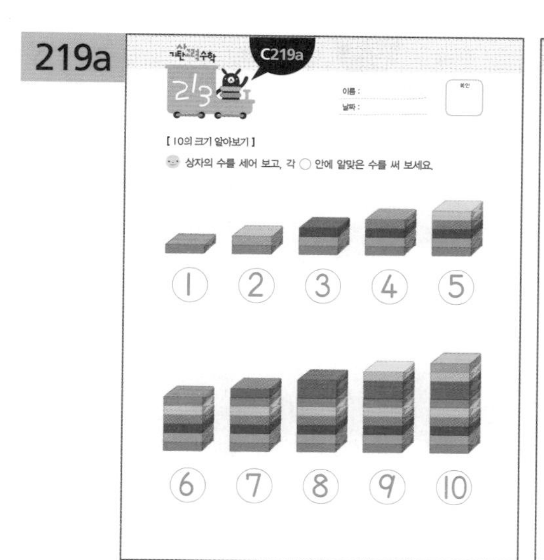

이해하기 1부터 10까지의 수의 양을 알아보는 활동입니다.

해결하기 각 상자 또는 달걀의 수를 손가락으로 짚어 가며 세어 보고, 얼마를 나타내는지 각 ○ 안에 알맞은 수를 써 봅니다.

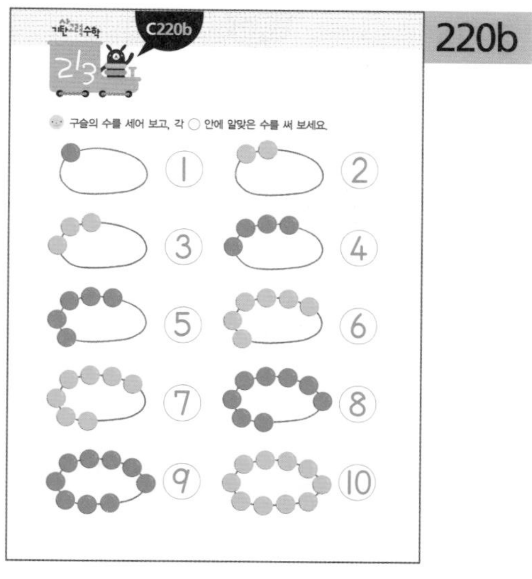


이해하기 1부터 10까지의 수의 양을 알아보는 활동입니다.

해결하기 접힌 손가락 또는 구슬의 수가 몇 개인지 세어 보고, 얼마를 나타내는지 각 ○ 안에 알맞은 수를 써 봅니다.

※해답은 따로 보관하고 있다가 채점할 때 사용해 주세요.

221a

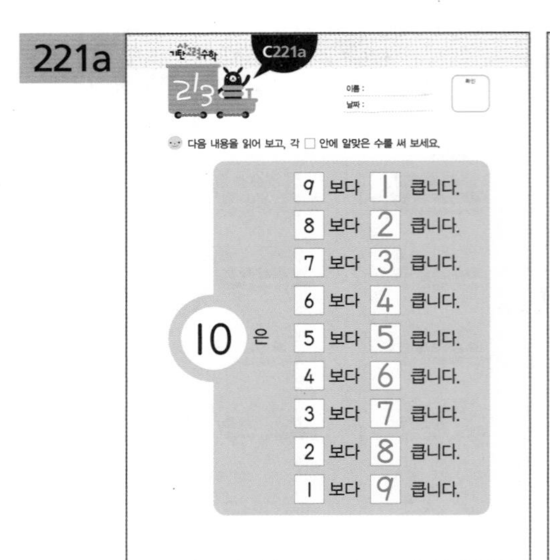
C221a

이름 :
날짜 :
확인

다음 내용을 읽어 보고, 각 □ 안에 알맞은 수를 써 보세요.

10 은
9 보다 1 큽니다.
8 보다 2 큽니다.
7 보다 3 큽니다.
6 보다 4 큽니다.
5 보다 5 큽니다.
4 보다 6 큽니다.
3 보다 7 큽니다.
2 보다 8 큽니다.
1 보다 9 큽니다.

221b

C221b

다음 내용을 읽어 보고, 각 □ 안에 알맞은 수를 써 보세요.

10 은
4 보다 6 큽니다.
7 보다 3 큽니다.
2 보다 8 큽니다.
5 보다 5 큽니다.
9 보다 1 큽니다.
1 보다 9 큽니다.
8 보다 2 큽니다.
6 보다 4 큽니다.
3 보다 7 큽니다.

**이해하기** 10이 1부터 9까지의 수보다 각각 얼마나 큰 수인지를 알아보면서 10에 대한 보수를 이해하는 활동입니다.

**해결하기** 10이 주어진 수보다 얼마나 큰 수인지 생각하여 알맞은 수를 써넣습니다. 아이가 어려워하는 경우에는 ○를 그려 가며 문제를 풀어 봅니다.

222a

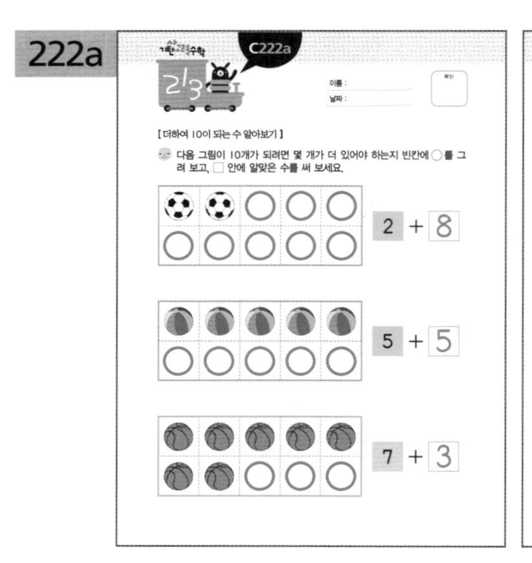
C222a

이름 :
날짜 :
확인

[더하여 10이 되는 수 알아보기]

다음 그림이 10개가 되려면 몇 개가 더 있어야 하는지 빈칸에 ○를 그려 보고, □ 안에 알맞은 수를 써 보세요.

2 + 8

5 + 5

7 + 3

222b

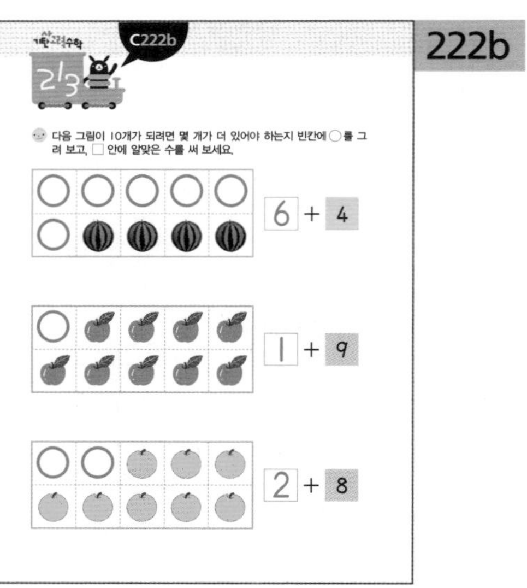
C222b

다음 그림이 10개가 되려면 몇 개가 더 있어야 하는지 빈칸에 ○를 그려 보고, □ 안에 알맞은 수를 써 보세요.

6 + 4

1 + 9

2 + 8

**이해하기** 더하여 10이 되는 수를 알아보면서 10에 대한 보수를 이해하는 활동입니다.

**해결하기** 주어진 공과 과일이 각각 몇 개인지 세어 보고, 더하여 10이 되는 두 수를 생각하여 알맞은 수를 써넣습니다.

223a

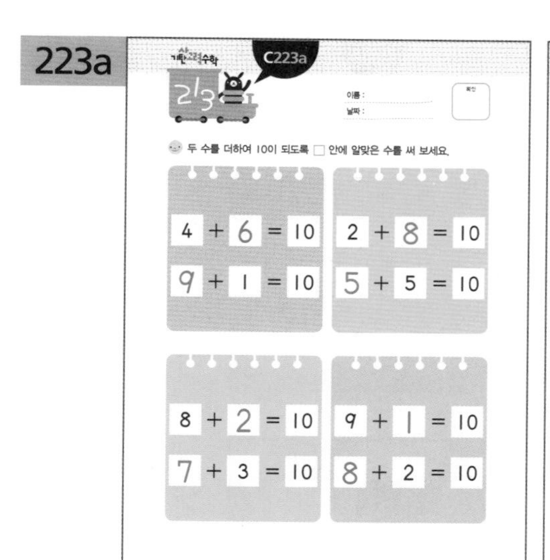


223b

이해하기 더하여 10이 되는 수를 알아보면서 10에 대한 보수를 이해하는 활동입니다.

해결하기 더하여 10이 되는 두 수를 찾아봅니다. 아이가 어려워하는 경우에는 ○를 그려 가며 문제를 풀어 봅니다.

224a

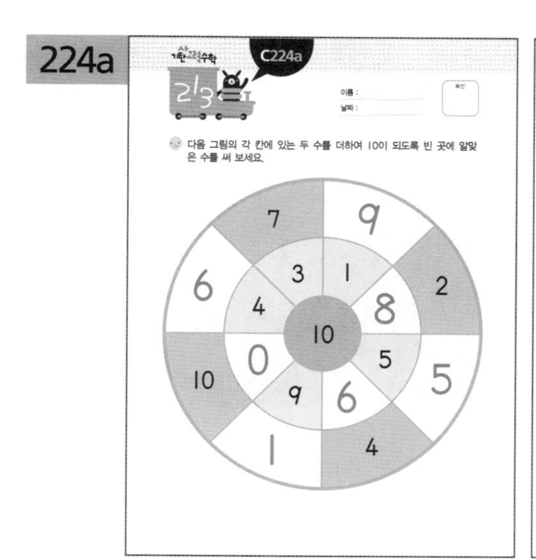


224b

이해하기 더하여 10이 되는 수를 알아보면서 10에 대한 보수를 이해하는 활동입니다.

해결하기 그림의 각 칸에 있는 두 수를 더하여 10이 되는 수를 찾아봅니다. 아이가 어려워하는 경우에는 ○를 그려 가며 문제를 풀어 봅니다.

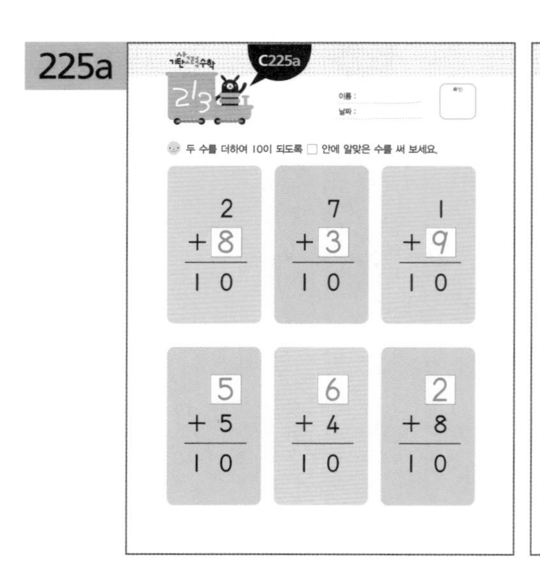

이해하기 더하여 10이 되는 수를 알아보면서 10에 대한 보수를 이해하는 활동입니다.

해결하기 더하여 10이 되는 두 수를 찾아봅니다. 아이가 어려워하는 경우에는 ○를 그려 가며 문제를 풀어 봅니다.

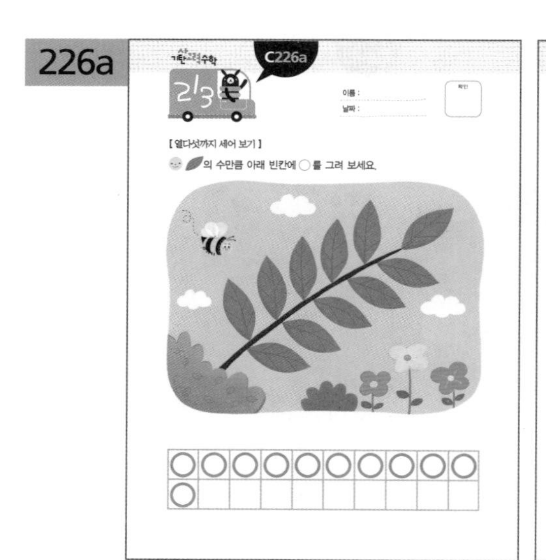

이해하기 열하나, 열셋이 얼마만큼의 양을 나타내는지 알아보는 활동입니다.

해결하기 잎사귀와 물고기의 수를 손가락으로 하나씩 짚어 가면서 세어 보고, 그 수만큼 ○를 그려 봅니다.

227a

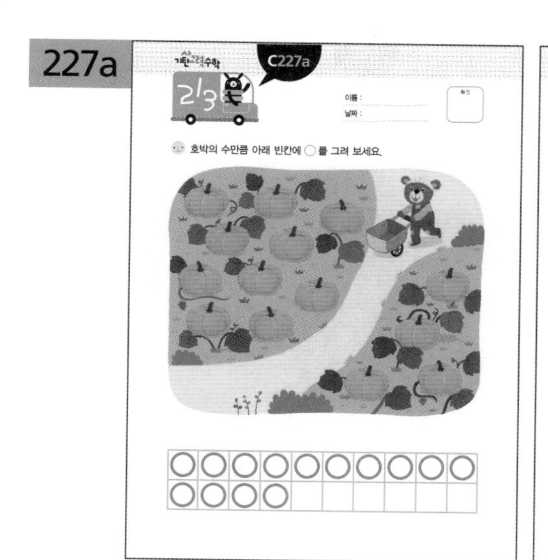

227b

이해하기 열넷, 열다섯이 얼마만큼의 양을 나타내는지 알아보는 활동입니다.

해결하기 호박와 오리의 수를 손가락으로 하나씩 짚어 가면서 세어 보고, 그 수만큼 ◯를 그려 봅니다.

228a

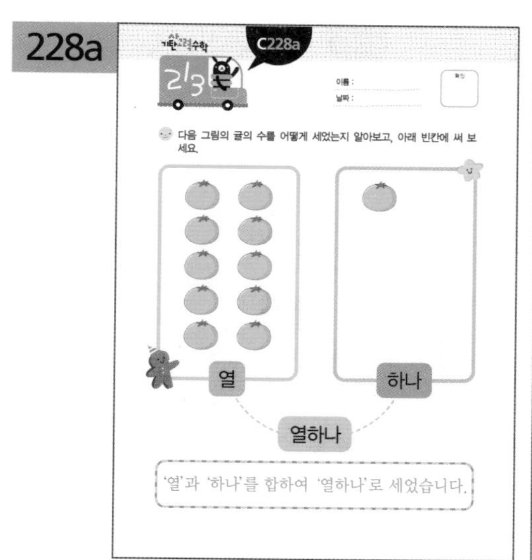

228b

이해하기 열하나를 읽는 방법을 알아보고, 열하나가 얼마만큼의 양을 나타내는지 알아보는 활동입니다.

해결하기 '열'과 '하나'를 합하여 '열하나'로 읽어 봅니다. 열하나가 얼마만큼의 양을 나타내는지 알아보고 그 수만큼 그림을 ◯로 묶어 봅니다.

※해답은 따로 보관하고 있다가 채점할 때 사용해 주세요.

229a

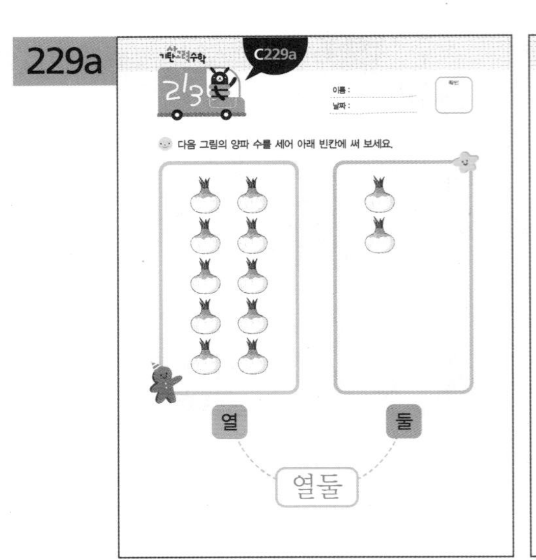


229b

이해하기 열둘을 읽는 방법을 알아보고, 열둘이 얼마만큼의 양을 나타내는지 알아보는 활동입니다.

해결하기 '열'과 '둘'을 합하여 '열둘'로 읽어 봅니다. 열둘이 얼마만큼의 양을 나타내는지 알아보고 그 수만큼 그림을 ◯로 묶어 봅니다.

230a

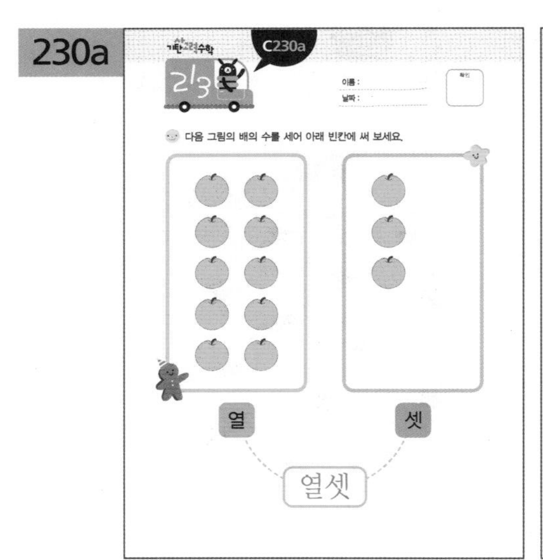


230b

이해하기 열셋을 읽는 방법을 알아보고, 열셋이 얼마만큼의 양을 나타내는지 알아보는 활동입니다.

해결하기 '열'과 '셋'을 합하여 '열셋'으로 읽어 봅니다. 열셋이 얼마만큼의 양을 나타내는지 알아보고 그 수만큼 그림을 ◯로 묶어 봅니다.

※해답은 따로 보관하고 있다가 채점할 때 사용해 주세요.

231a

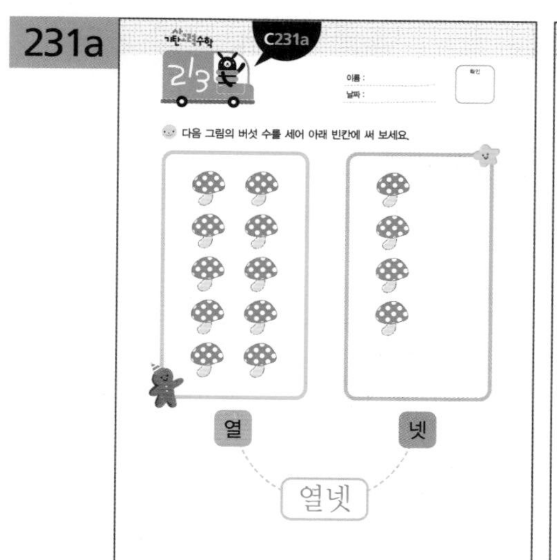


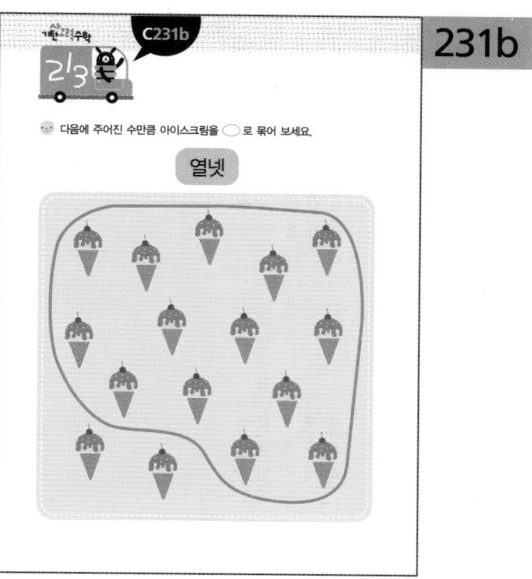


231b

이해하기 열넷을 읽는 방법을 알아보고, 열넷이 얼마만큼의 양을 나타내는지 알아보는 활동입니다.

해결하기 '열'과 '넷'를 합하여 '열넷'으로 읽어 봅니다. 열넷이 얼마만큼의 양을 나타내는지 알아보고 그 수만큼 그림을 ◯로 묶어 봅니다.

232a

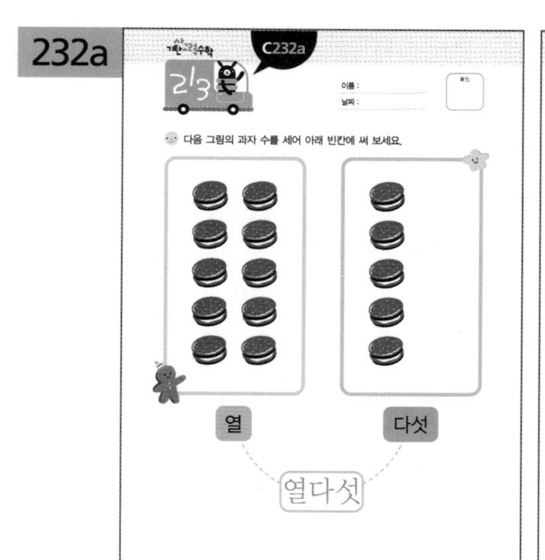

232b

이해하기 열다섯을 읽는 방법을 알아보고, 열다섯이 얼마만큼의 양을 나타내는지 알아보는 활동입니다.

해결하기 '열'과 '다섯'을 합하여 '열다섯'으로 읽어 봅니다. 열다섯이 얼마만큼의 양을 나타내는지 알아보고 그 수만큼 그림을 ◯로 묶어 봅니다.

※해답은 따로 보관하고 있다가 채점할 때 사용해 주세요.

233a

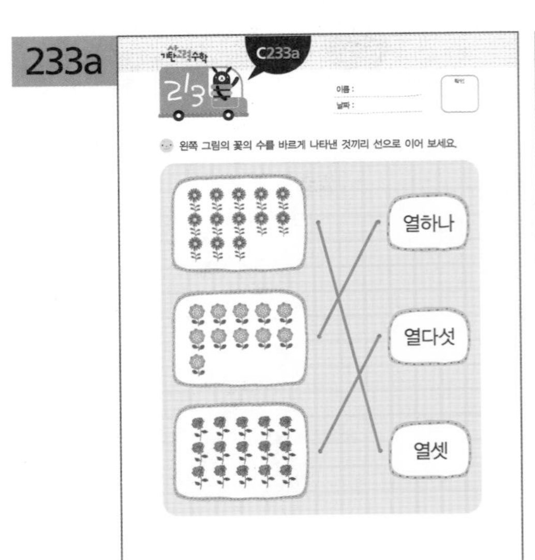


233b

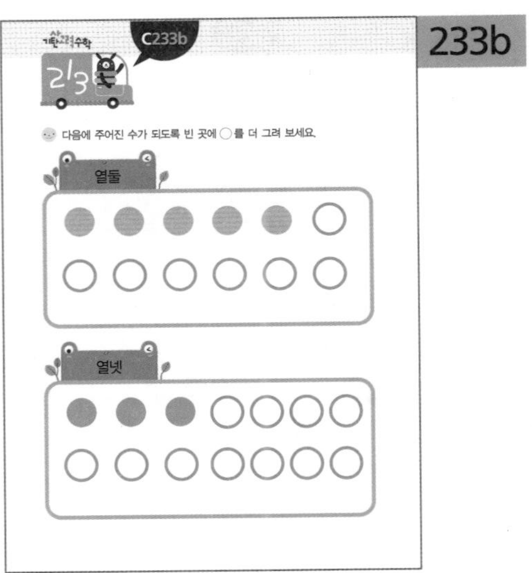


이해하기 열하나, 열둘, 열셋, 열넷, 열다섯이 얼마만큼의 양을 나타내는지 알아보는 활동입니다.

해결하기 꽃 열 송이를 하나로 묶고, 낱개를 세어 모두 몇 송이인지 세어 봅니다. 열둘, 열넷이 되도록 빈 곳에 ○를 더 그려 봅니다.

234a

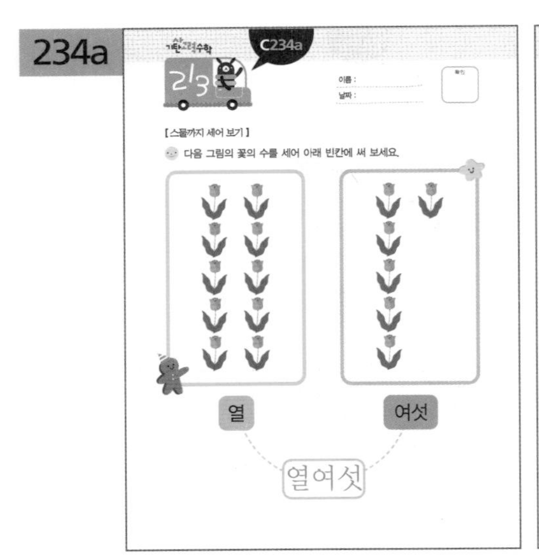


234b

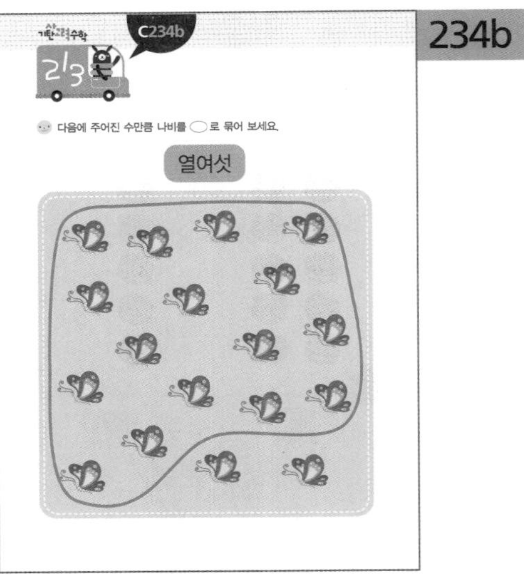


이해하기 열여섯을 읽는 방법을 알아보고, 열여섯이 얼마만큼의 양을 나타내는지 알아보는 활동입니다.

해결하기 '열'과 '여섯'을 합하여 '열여섯'으로 읽어 봅니다. 열여섯이 얼마만큼의 양을 나타내는지 알아보고 그 수만큼 그림을 ◯로 묶어 봅니다.

235a

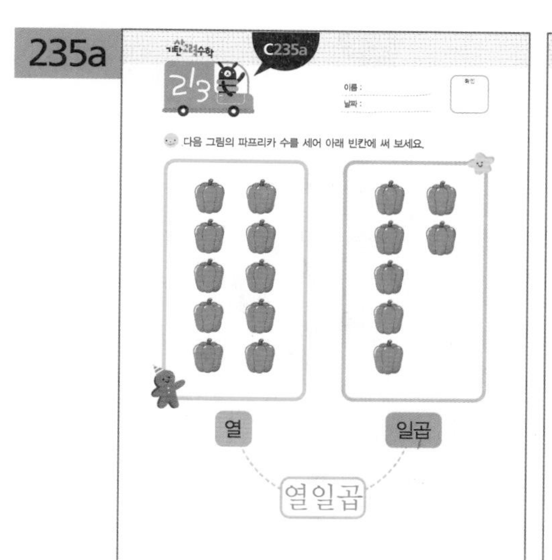

235b

**이해하기** 열일곱을 읽는 방법을 알아보고, 열일곱이 얼마만큼의 양을 나타내는지 알아보는 활동입니다.

**해결하기** '열'과 '일곱'을 합하여 '열일곱'으로 읽어 봅니다. 열일곱이 얼마만큼의 양을 나타내는지 알아보고 그 수만큼 그림을 ◯로 묶어 봅니다.

236a

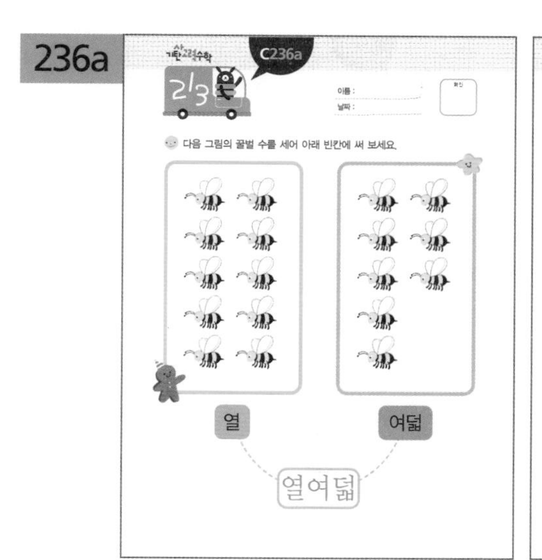

236b

**이해하기** 열여덟을 읽는 방법을 알아보고, 열여덟이 얼마만큼의 양을 나타내는지 알아보는 활동입니다.

**해결하기** '열'과 '여덟'을 합하여 '열여덟'로 읽어 봅니다. 열여덟이 얼마만큼의 양을 나타내는지 알아보고 그 수만큼 그림을 ◯로 묶어 봅니다.

237a

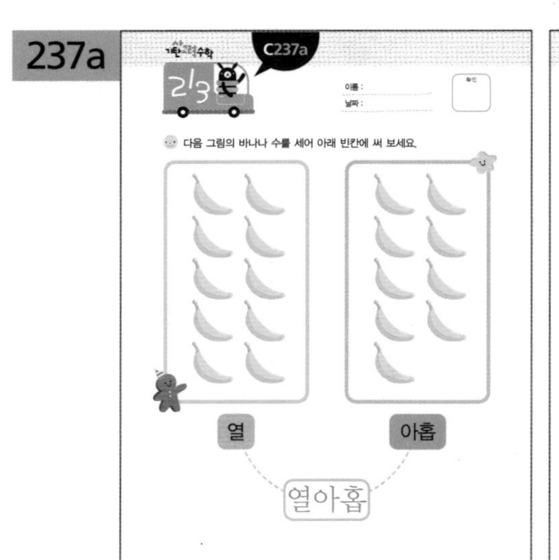


237b

이해하기 열아홉을 읽는 방법을 알아보고, 열아홉이 얼마만큼의 양을 나타내는지 알아보는 활동입니다.

해결하기 '열'과 '아홉'을 합하여 '열아홉'으로 읽어 봅니다. 열아홉이 얼마만큼의 양을 나타내는지 알아보고 그 수만큼 그림을 ◯로 묶어 봅니다.

238a

238b

이해하기 스물을 읽는 방법을 알아보고, 스물이 얼마만큼의 양을 나타내는지 알아보는 활동입니다.

해결하기 '열'과 '열'을 합하여 '스물'로 읽어 봅니다. 스물이 얼마만큼의 양을 나타내는지 알아보고 그 수만큼 그림을 ◯로 묶어 봅니다.

239a

C239a

이름 :

날짜 :

확인

왼쪽 그림의 과자의 수를 바르게 나타낸 것끼리 선으로 이어 보세요.

열여덟

열여섯

열아홉

239b

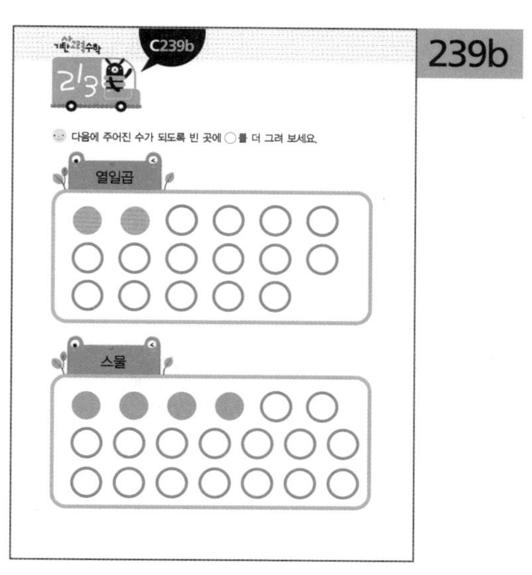


이해하기 열여섯, 열일곱, 열여덟, 열아홉, 스물이 얼마만큼의 양을 나타내는지 알아보는 활동입니다.

해결하기 과자 열 개를 하나로 묶고, 낱개를 세어 모두 몇 개인지 세어 봅니다. 열일곱, 스물이 되도록 빈 곳에 ○를 더 그려 봅니다.

240a

240b

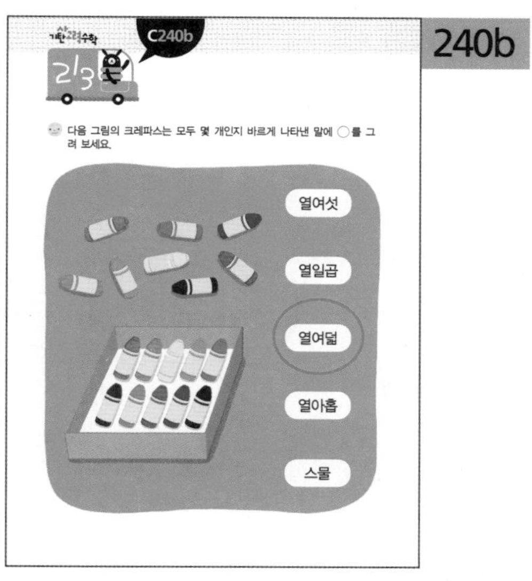


이해하기 그림 속 풍선과 크레파스가 모두 몇 개인지 세어 보는 활동입니다.

해결하기 풍선과 크레파스를 손가락으로 하나씩 짚어 가면서 모두 몇 개인지 세어 봅니다. 아이가 어려워하는 경우에는 /으로 하나씩 지워 가면서 세어 봅니다.

MEMO